钱江源国家公园
观赏昆虫图鉴

浙江农林大学
钱江源国家公园管理局 组织编写

王义平 钱海源 余建平 主编

中国林业出版社
China Forestry Publishing House

内容提要

本书是对浙江钱江源国家公园观赏昆虫资源调查结果的总结，依据所采集标本和拍摄的生态照的鉴定结果撰写而成，共记录昆虫纲昆虫7目66科200种，其中包括国家二级保护野生动物3种。

本书可供环境保护、动物保护、植物保护和森林保护工作者及科研人员，保护区管理人员，以及自然教育工作者和高等院校师生参考。

图书在版编目（CIP）数据

钱江源国家公园观赏昆虫图鉴 / 浙江农林大学, 钱江源国家公园管理局组织编写 ; 王义平, 钱海源, 余建平主编. -- 北京 : 中国林业出版社, 2024.11

ISBN 978-7-5219-2420-6

Ⅰ. ①钱… Ⅱ. ①浙… ②钱… ③王… ④钱… ⑤余… Ⅲ. ①国家公园—昆虫—开化县—图集 Ⅳ. ①Q968.225.54-64

中国国家版本馆CIP数据核字(2023)第223522号

策划编辑：肖静
责任编辑：肖静　刘煜
装帧设计：北京八度出版服务机构
宣传营销：王思明
————————————

出版发行：中国林业出版社
　　　　　（100009，北京市西城区刘海胡同 7 号，电话 83143577）
电子邮箱：cfphzbs@163.com
网址：https://www.cfph.net
印刷：北京中科印刷有限公司
版次：2024 年 11 月第 1 版
印次：2024 年 11 月第 1 次印刷
开本：787mm×1092mm　1/16
印张：14.25
字数：228 千字
定价：158.00 元

《钱江源国家公园观赏昆虫图鉴》
领导小组

主　任：汪长林

副主任：金树明　钱海源

委　员：余建平　余顺海　程凌宏　童光蓉　陈小南　汪家军

编辑委员会

主　编：王义平　钱海源　余建平

副主编：龙承鹏　　陈小南

编　委：（按姓氏笔画排列）

　　　　　余顺海　汪家军　陈声文　武克壮　姜舒君　姚　驰

　　　　　徐　琦　徐谊明　程凌宏　童光蓉　蓝文超

摄　影：杨淑贞　俞肖剑　王义平　楼信权

组织编写单位：浙江农林大学

　　　　　　　　钱江源国家公园管理局

前言

昆虫约占地球所有生命的2/3，从炎热的赤道到寒冷的两极，几乎地球每个角落都有昆虫的足迹。纵向地看，它们在地球历史上存在的时间比人类长得多，人类的出现仅有100万年，而昆虫在3.5亿～4亿年前就已出现。昆虫是生态系统的重要组成部分，对整个生物界包括人类的生存影响深远。可以说，昆虫主宰着全球的生物多样性。正因如此，英国萨塞克斯大学的戴夫·古尔森教授警告称："昆虫出现了某种可怕的减少，我们似乎正在使大片土地变得不适合大部分生命居住，并正走向生态末日。如果我们失去这些昆虫，那么一切都将崩塌。"保护昆虫多样性——归根结底是保护我们人类自身。在陆地和淡水生态系统中，一些鱼类以水生昆虫的幼虫为食；许多两栖动物是肉食性的，特别是在它们成熟之后，昆虫是其主要食物来源之一；许多鸟类（譬如雨燕）都依赖飞行昆虫为食物来源；重要保护动物如马来熊、穿山甲、食蚁兽等哺乳动物都以昆虫为食。近年来，受全球气候变暖、极端自然气候和人类活动干扰等因素影响，生物种类、分布、为害发生了很大变化，作为生物多样性的主体——昆虫，其多样性资源正在遭受严重威胁，因此，加强昆虫资源多样性保护与可持续利用的科学研究迫切而必要。

2016年6月，经国家发展和改革委员会批复，钱江源国家公园成为全国首批10个国家公园体制试点区之一，是长江三角洲唯一的一个国家公园体制试点区。钱江源国家公园坐落于浙江省开化县西北部，浙江、安徽和江西三省交界处，地处中亚热带东部，是浙江人民母亲河——钱塘江的源头，由古田山国家级自然保护区、钱江源国家森林公园、钱江源省级风景名胜区以及连接上述自然保护地之间的生态区域整合而成，总面积252.95km^2。2022年以来，浙江钱江源国家公园管理局立项，由浙江农林大学组织相关学者对钱江源国家公园观赏昆虫资源开展全面普查，并对相关历史记载进行翔实考证，明确了钱江源国家公园境内野生观赏昆虫的种类及其分布情况，为钱江源国家公园野生昆虫管理、保护和利用、科普及教学与研究等奠定了基础。

钱江源国家公园曾经开展了多次昆虫资源调查，并出版了《浙江钱江源国家公园生物资源考察报告》专著。此外，由于前期调查条件有限，所出版的专著仅以名录的形式体现。为更好地增加本底资源数据，同时让大众了解钱江源国家公园，增强大众生物多样性保护的意识，钱江源国家公园组织专家对区域内野生观赏昆虫物种资源进行调查并编制昆虫物种图鉴，以期为昆虫的有效保护与开发利用提供基础。

本书收录了钱江源国家公园野生昆虫7目66科200种，其中3种被列为国家二级保护野生动物。全书分总论和各论两部分。总论部分主要包括：钱江源国家公园概况以及钱江源国家和省级重点保护野生昆虫。各论部分昆虫参照郑乐怡、归鸿主编的《昆虫分类》（1999），对分布于钱江源国家公园的200种野生观赏昆虫进行了系统描述，每种均包含中文名称、学名、形态特征、分布和习性以及彩色生态图片。通过本书的编著，不仅阐明了钱江源国家公园野生观赏昆虫的多样性，更为本区野生观赏昆虫的科学管理、合理利用与科普宣传等起到了重要的作用。

由于调研与编撰时间相对较短，且编著者水平有限，书中难免有不足之处。期望同行专家和读者不吝批评指教！

编著者

2023年6月

目 录

第一章

钱江源国家公园
概况

钱江源国家公园坐落于开化县西北部，浙江、安徽和江西三省交界处，是浙江人民母亲河——钱塘江的重要发源地之一，总面积252.95km²，是全国10个国家公园体制试点区之一，是长江三角洲经济发达地区唯一的国家公园体制试点区。

钱江源国家公园内分布着中国东部稀有的大面积低海拔原生常绿阔叶林，是中国特有国家一级保护野生动物黑麂、白颈长尾雉的全球主要分布区之一，也是中国35个生物多样性保护优先区域之一，是长江三角洲地区重要的生态安全屏障，具有很高的保护和科学研究价值。

一、地理位置与范围

钱江源国家公园与江西婺源、德兴，安徽休宁交界，位于29°10′32.62″～29°27′19.79″N，118°03′59.06″～118°22′28.15″E，总面积252.95km²，共分苏庄、长虹、何田、齐溪四个片区。钱江源国家公园范围内海拔110～1261.5m，最高峰为石耳山，海拔1261.5m，属温暖湿润的亚热带季风气候，年平均降水天数142.5d，年降水总量为1963.7mm，年平均气温15.3℃。钱江源国家公园水系属于长江水系和钱塘江水系两个水系，其中，古田山支流属于长江水系乐安江支流，齐溪、何田、长虹等三条支流属于钱塘江水系马金溪支流。

二、主要保护对象

（1）保存完好的、大面积低海拔中亚热带原生常绿阔叶林及其森林生态系统。

（2）中国特有的国家一级保护野生动物白颈长尾雉、黑麂、中国穿山甲等国家重点保护野生动物及其栖息地。

三、功能区划

根据2020年8月31日浙江省人民政府批复《钱江源-百山祖国家公园总体规划（2020—2025年）》，将钱江源国家公园分为核心保护区和一般控制区实行差别化管控。

1.核心保护区

将保持自然状态的低海拔亚热带常绿阔叶林集中分布区和黑麂的适宜分布区划为核心保护区，核心保护区面积为151.33km²，占钱江源园区面积的59.82%。核心保护区内涉及4个自然村共453人，其中，常住人口23人。

2.一般控制区

将国家公园基础设施建设集中的区域、居民传统生活和生产的区域、需要通过工程措施进行生态修复的区域，以及为公众提供亲近自然、体验自然的环境教育场所和相关旅游等区域划为一般控制区，一般控制区面积为101.63km²，占钱江源园区面积的40.18%。一般控制区涉及57个自然村共10191人，其中，常住人口6812人。

四、经济社会概况

1.社区人口

钱江源国家公园涉及开化县苏庄、长虹、何田、齐溪共4个乡镇21个行政村64个自然村。其中，国家公园范围内16个行政村61个自然村有人口分布，涉及户籍户数3199户、户籍人口10644人，其中，常住户数2204户、常住人口6835人。

2.地方经济

2022年，全县实现地区生产总值1181.35亿元、增长4.2%。分产业看，第一产业增加值14.71亿元，增长5.1%；第二产业增加值69.47亿元，增长5.6%，其中，工业增加值44.64亿元，增长10.2%；第三产业增加值97.17亿元，增长3.1%。固定资产投资增长11.1%；一般公共预算收入12.51亿元，增长13%；城镇、农村常住居民人均可支配收入分别达到45846元和24737元，增长4.8%和6.8%。各项主要生态指标持续保持全省领先，出境水Ⅱ类以上水质占比99.7%，其中，Ⅰ类水191d，空气优良率98.6%，PM$_{2.5}$均值19μg/m^3，全市最低。

3.土地利用类型及权属

钱江源国家公园总面积25295.57hm^2，其中，林地22840.25hm^2，占总面积的90.29%；非林地2455.32hm^2，占总面积的9.71%。林地中：乔木林地面积21026.88hm^2，灌木林地面积5.84hm^2，竹林地834.67hm^2，其他林地面积972.86hm^2。非林地中：耕地面积1010.43hm^2，园地面积975.56hm^2，草地面积32.38hm^2，商服用地面积0.32hm^2，工矿仓储用地面积0.05hm^2，住宅用地70.32hm^2，公共管理与公共服务用地1.19hm^2，交通运输用地面积46.83hm^2，水域及水利设施用地面积310.14hm^2，其他土地面积8.10hm^2。

钱江源国家公园以集体土地为主，面积合计20873.50hm^2，占总面积的82.52%；国有土地面积4422.07hm^2，占总面积的17.48%。

4.基础设施建设

钱江源国家公园范围内有高速公路G3和国道205通过；县道和乡道等基础道路连接辖区内四个乡镇村落；范围内有水库6座、电站8座、水坝6座；在4个片区均建有执法所。

5.钱江源国家公园大事记

2003年7月，时任浙江省委书记习近平考察钱江源。

2013年11月，开化荣获"国家东部公园"称号。

2016年6月，《钱江源国家公园体制试点区实施方案》获批。

2017年3月，钱江源国家公园管理委员会成立。

2017年5月9日，钱江源国家公园生态资源保护中心正式挂牌成立。

2017年9月17—20日，钱江源国家公园成功承办了世界自然保护联盟（IUCN）亚洲区会员委员会年会。

2017年10月10日，《钱江源国家公园体制试点区总体规划（2016—2025年）》获浙江省人民政府正式批准。

2019年4月15日，省委编制委员会办公室（简称编办）印发《关于调整钱江源国家公园管理体制的通知》（浙编〔2019〕13号），组建钱江源国家公园管理局。

2019年7月2日，钱江源国家公园管理局挂牌。

2019年9月16日，中国政府向联合国可持续发展峰会发布《地球大数据支撑可持续发展目标报告》，其中，生物多样性保护以钱江源国家公园为案例。

2019年10月13—15日，钱江源国家公园成功举办第三届全国生物多样性监测研讨会。

2020年8月31日，《钱江源-百山祖国家公园总体规划（2020—2025年）》获浙江省人民政府批复。

2021年3月23日，浙江省发展和改革委员会公布了全省首批16个大花园"耀眼明珠"名单，钱江源国家公园成功入选名山公园类"耀眼明珠"。

2021年6月10日，经全国关注森林活动执行委员会认定，钱江源国家公园成为全国首批26个"国家青少年自然教育绿色营地"之一。

2021年9月28日，在《生物多样性公约》缔约方大会第十五次会议（简称COP15）非政府组织平行论坛上，"钱江源国家公园集体土地地役权改革的探索实践"从全球26个国家的258个申报案例中脱颖而出，成功入选"生物多样性100+全球特别推荐案例"，全球仅19个。

2021年10月9日，"浙江钱江源森林生物多样性国家野外科学观测研究站"经科学技术部批准，成为全国仅有的两家森林生物多样性国家野外科学观测研究站之一。

2022年4月12日，由中国科学技术协会命名的2021—2025年第一批全国科普教育基地名单出炉，钱江源国家公园体制试点区入选第一批"国家科普教育基地"。

2022年12月10日，COP15第二阶段会议期间，世界自然保护联盟（IUCN）在加拿大蒙特利尔宣布，更新《世界自然保护联盟绿色名录》，其中，钱江源国家公园、黄果树风景名胜区、神农架国家公园等11处中国自然保护地入选。

第二章

钱江源国家和省级
重点保护野生昆虫

一、国家二级保护野生昆虫

1. 拉步甲
Carabus (Damaster) lafossei Feisthamel, 1845

[形态特征] 体长38～47mm，宽11～14mm。色彩靓丽但体色在不同地区变化较大。触角向后不及鞘翅中部。头部具刻点和沟纹。前胸背板近六边形。鞘翅纺锤形，末端尖，鞘翅表面排列连续的椭圆形瘤突，主行距特化的瘤突大，行间小。

[习性] 完全变态类昆虫，白天潜藏，夜间活动。捕食昆虫或小型软体动物，有时也取食植物。

[分布] 浙江（钱江源国家公园）、安徽、江苏、湖北、上海、江西、福建。

2. 硕步甲
Carabus davidis Deyrolle & Fairmaire, 1878

【形态特征】体长 34～42mm，体宽 13～15mm。具有金属色光泽。头黑色略带蓝紫色，前胸背板蓝紫色，鞘翅由基部到端部呈金属绿色至铜色渐变，光泽强烈。头顶具沟纹，亚颏具刚毛。前胸背板宽大于长，最宽处位于中部，侧缘呈弧形，在后角前略弯曲。鞘翅主行距特化为连续的椭圆形瘤突纵列，行距间夹有 1 条清晰连续的纵脊，雌性鞘翅末端有较明显的切鞘现象。

【习性】飞行能力弱，善爬行，多活动于地表或土中隧道。白天藏匿，夜晚外出捕食。习性与拉步甲相似。

【分布】浙江（钱江源国家公园）、安徽、江西、福建、湖南、广东。

3. 阳彩臂金龟
Cheirotonus jansoni Jordan, 1898

【形态特征】雄虫体长55～68mm，雌虫体长38～49mm。前胸背板光滑，具刻点，绿色且具金属光泽。鞘翅一般红棕色至黑色，鞘缝和鞘翅侧缘具橙色斑带，肩部具橙色斑点，偶尔鞘翅为单一黑色。

【习性】喜欢生活在常绿阔叶林中。产卵于腐朽的木屑土中。

【分布】浙江（钱江源国家公园）、江苏、安徽、江西、湖南、福建、广东、广西、海南、重庆、四川、贵州、云南；越南、老挝。

二、浙江省重点保护野生昆虫

4. 宽尾凤蝶
Papilio elwesi Leech, 1889

【形态特征】大型种，雌雄同型。雄：头黑色；触角黑色，短于前翅长一半；胸部及腹部全黑；前翅长且宽阔，脉纹两侧为灰白色，外缘及前缘为黑色；后翅宽阔，外缘波浪形，底色黑，基半部脉纹周围为灰白色，端半部黑色，亚外缘有6个明显红色月牙形斑，臀角具1红色环状斑，具1条宽尾突，内含2条翅脉；反面与正面相似，有个别个体在后翅中室端具1白斑。雌：斑纹同雄性，翅更宽阔。

【习性】访花，吸水，在林缘及开阔地活动，喜滑翔飞行，4—8月发生。

【分布】浙江（钱江源国家公园）、陕西、江西、湖北、湖南、福建、广东、广西、四川。

三、国家"三有"名录昆虫

5. 幸运深山锹甲
Lucanus fortunei Saunders, 1854

【形态特征】小到中型，大体红色，边框黑色似描边勾线。雄虫上颚发达且内弯，比头胸和更长。头前缘波浪形，中部似盾，后缘中间下凹。前胸背板突出不明显。鞘翅光滑，小盾片被短毛。雌虫明显小于雄性，颜色更深更亮。上颚短于头长。头背面有深且密集的刻点。

【习性】夜间有趋光性。

【分布】浙江（钱江源国家公园）、福建、广东。

第三章

各 论

一、蜻蜓目 Odonata

（一）蜻科
Libellulidae

1. 蓝额疏脉蜻
Brachydiplax chalybea flavovittata Ris, 1911

【形态特征】腹部长 24～27mm。雄虫胸部侧视有 2 条宽大的黑色斑纹，背面为白色粉末，翅透明，翅基橙褐色，翅痣淡褐色，腹部第 2～4 节侧板具黄斑，末端黑色。雌虫腹部第 1～7 节具黄斑，体形较雄虫小。雄虫外观略似扶桑蜻蜓，但翅基部附近为橙褐色，且腹部末半段为黑色。雌虫与未熟雄虫相似，同样近似扶桑蜻蜓，但腹部背侧中央不具黄色纵斑；雌虫腹部黄斑较未熟雄虫发达。

【习性】成虫出现于 4—10 月，生活在海拔 300m 以下池塘、湖泊等静水环境。

【分布】浙江（钱江源国家公园）、上海、云南、澳门。

2. 异色灰蜻
Orthetrum melania (Selys, 1883)

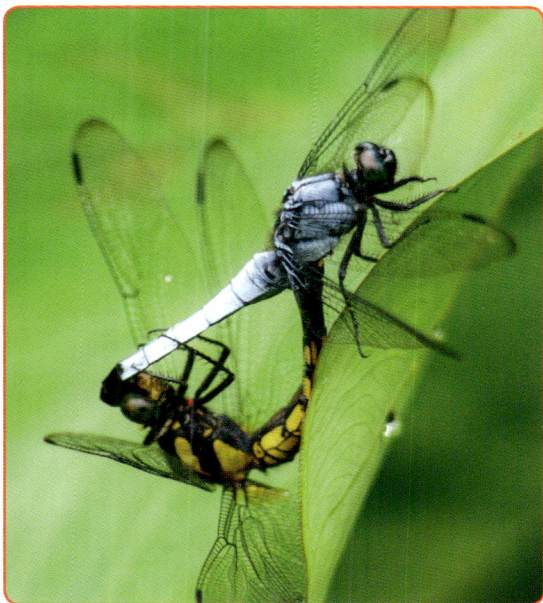

【形态特征】雄性腹部长34～35mm；后翅长40～44mm，翅透明，翅痣黑褐色，翅末端具淡褐色斑，翅基部具黑褐色斑，前翅斑小，后翅斑较大；足黑色，具小刺；腹部第1～7节灰色，第8～10节黑色，整个腹部被蓝灰色粉末覆盖。雌性腹部长32mm；后翅长41mm；腹部黄色，第1～6节两侧具黑斑，第7～8节黑色，第8节侧下缘扩大成叶片状，肛附器白色。

【习性】较喜欢在干燥的地方停歇，特别是石头上。早上温度低的时候，总喜欢用翅围成温室，以每分钟7℃的体温上升，当上升到40℃时，飞行肌的工作效率最高，才再次起飞。飞行能力强，速度快，较难捕捉。

【分布】浙江（钱江源国家公园）、北京、河北、江苏、福建、广西、四川、云南、广东、中国香港、中国台湾等地。

3. 玉带蜻
Pseudothemis zonata Burmeister, 1839

【形态特征】体长 40~60mm；腹部长 30mm，后翅长 30mm，翅展 70mm。褐色或黑色。头顶及瘤状突蓝黑色。前额雄虫红褐色，雌虫黄色胸部具黄色长毛。背部条纹不明显。肩前下条纹黄色。胸部两侧各具 2 条黄色斜条纹。翅基部具有黑褐色斑。腹部第 3~4 节白色，雌性白色腹节带有黄色。

【习性】生活在林间的池塘、湖泊和沼泽等大面积静水环境周围。

【分布】浙江（钱江源国家公园）、辽宁、河北、山东、江苏、四川、湖南、广东、云南、贵州、中国台湾。

（二）春蜓科
Gomphidae

4. 大团扇春蜓
Sinictinogomphus clavatus (Fabricius, 1775)

【形态特征】腹长52mm，后翅长41mm。头顶黑色，后头及后头后方黄绿色，后头缘黑色，甚细。前胸黑色，仅背板两侧各具1黄色斑点；合胸黑色，具绿色条纹，合胸脊黑色，背条纹粗短。翅透明，翅痣黑色，前缘脉外缘黄色，其余脉黑色。腹部黑色，具淡黄色斑点，第8腹节侧缘扩大成圆扇状，扇状中央黄色，边缘黑色。

【习性】羽化期为5月下旬至8月下旬。一般以卵或稚虫在水中越冬，少数种类成虫也可冬眠。不完全变态，生活史只经卵、稚虫和成虫3个阶段。卵经过5～230d孵化出包被在薄几丁质膜鞘中的"预稚虫"，经几秒至数十分钟后，脱去膜鞘进入2龄期，成为能自由活动于水中的稚虫，俗称"水蚤"。

【分布】浙江（钱江源国家公园）、吉林、北京、河北、天津、河南、陕西、山东、江苏、江西、湖北、湖南、福建、广西、广东、中国台湾、四川、重庆、云南、中国澳门；日本、俄罗斯、朝鲜、韩国、越南、缅甸。

二、直翅目 Orthoptera

5. 中华糙颈螽
Ruidocollaris sinensis Liu et Kang, 2014

[形态特征] 体大型，绿色。前胸背板侧缘具黄色边纹。翅面如叶，有1条黄绿色细线自前胸侧缘达翅末端。雌虫具发达的汤匙状产卵器，雄虫外生殖器较短。

[习性] 常见于农田或林地环境。

[分布] 浙江（钱江源国家公园）及中国南方省份广布。

6. 棉蝗
Chondracris rosea (De Geer, 1773)

【形态特征】体形巨大的纯绿色蝗虫。面部及前胸具少量淡色条纹。后足胫节淡红色，具白色大刺。

【习性】常见于各种环境。

【分布】中国广布。

7. 中华剑角蝗
Acrida cinerea Thunberg, 1815

【形态特征】大型的尖头蝗虫种类。体色多样，通常为绿色、黄褐色或带有斑纹。触角剑状。后翅淡黄色。雄虫体小。

【习性】分布于多种非林地环境，行动较为迟缓。

【分布】中国东部地区广布。

（六）网翅蝗科
Arcypteridae

8. 黄脊竹蝗
Ceracris kiangsu Tsai, P., 1929

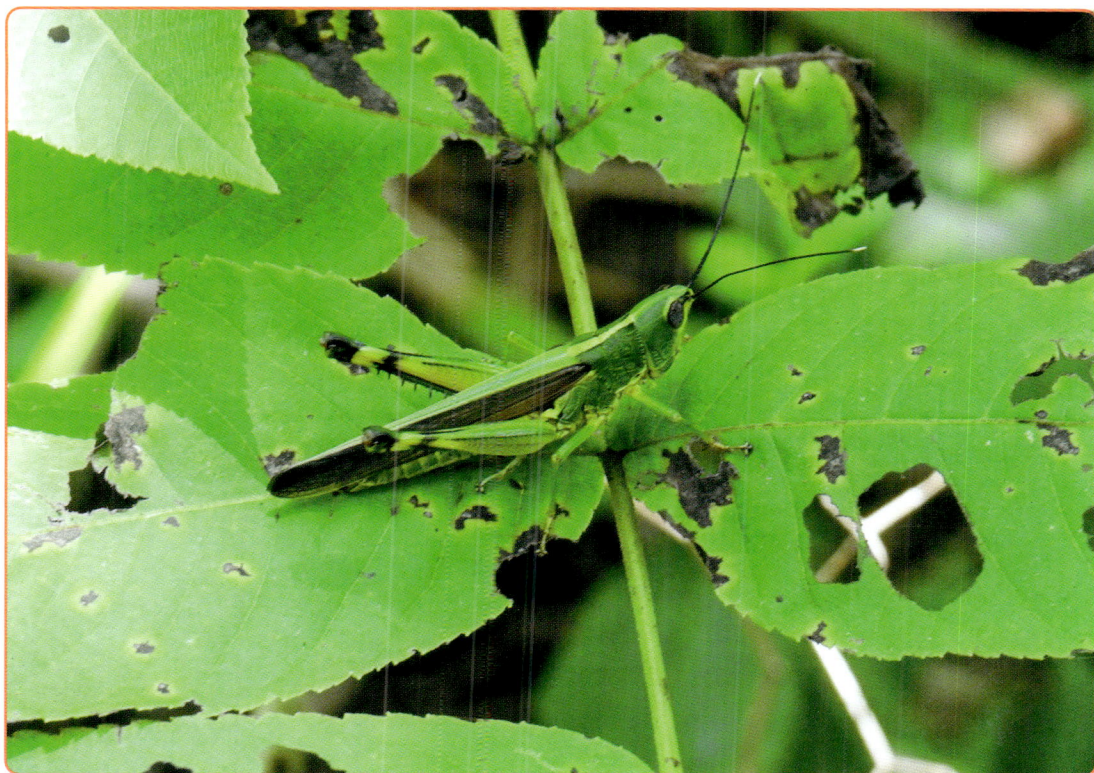

【形态特征】体长34～40mm。体色绿色。头顶略尖突，额面三角形，复眼深绿色，触角丝状，黑色，端部淡色。胸背板绿色，中央有1条黄色纵纹。前翅背方绿色，侧缘黑褐色。各足黄色，具淡绿色，胫节蓝黑色，有刺2排，后足腿节粗壮，近端部有1个黑斑。

【习性】中国产竹区的主要害虫，常大面积为害。

【分布】中国主要竹产区均有分布。

9. 青脊竹蝗
Ceracris nigricornis Walker, 1870

[形态特征] 中型蝗虫。头胸翠绿色。背部具黄色线纹。触角细长，末端淡色。后足股节黄色，具黑斑。

[习性] 竹林中常见。

[分布] 南方地区广布。

三、半翅目 Hemiptera

（七）荔蝽科
Pentatomidae

10. 暗绿巨蝽
Eusthenes saevus Stål, 1863

【形态特征】大型。触角4节，黑色。头部小，呈三角形，复眼褐色。前胸背板至小盾板、前翅革质都是暗黄绿色，接近褐绿色，具光泽。膜质翅黑褐色，侧缘暗黄绿色，各节间黑褐色，横斑细窄。各足褐色，腿节端有1节短刺。

【习性】未知。

【分布】浙江（钱江源国家公园）。

11. 斑缘巨蝽
Eusthenes femoralis Zia, 1957

【形态特征】体长28～30mm，宽12～13mm。椭圆形。头具皱纹；触角黑，基节及第4节端部淡色。小盾片横皱，端部黄褐色，腹部腹面淡黄褐色；足淡黄褐色，后足腿节近端处有2枚小刺。

【习性】卵多聚产在寄主叶背和花序上，若虫有群聚性。

【分布】浙江（钱江源国家公园）、福建、贵州、广东、云南。

12. 黑胫伱缘蝽
Mictis fuscipes Hsiao, 1963

【形态特征】体长 11～14mm，宽 4～5mm。褐色。前胸背板具显著瘤突。侧接缘各节的基部棕黄色。膜片基部黑色。胫节近端有一浅色环。后足股节膨大，内缘具小刺或短刺。

【习性】成虫白天活动，晴天尤为活跃，受惊迅速坠落。

【分布】浙江（钱江源国家公园）、山东、江苏、安徽、湖北、江西、四川、福建、广西、广东、云南。

13. 月肩奇缘蝽
Molipteryx lunata (Distant, 1900)

[形态特征] 体长23～25mm。深褐色。前胸背板侧角尖锐，向前伸出前胸背板的前缘。雄虫后足股节较粗，端半部背面及内面具短刺突，胫节内面超过中部处呈角状扩展。雌虫后足较细，胫节简单。

[习性] 卵成条状产于枝干或果柄上，成虫、若虫均为害寄主植物。

[分布] 浙江（钱江源国家公园）、河南、江西、湖北、四川、福建。

（八）缘蝽科
Coreidae

14. 瘤缘蝽
Acanthocoris scaber (Linnaeus, 1763)

[形态特征] 成虫体长13～15mm，宽3mm。体狭长，棕黄色。头在复眼前部成三角形，后部细缩如颈。复眼大且向两侧突出，黑色；单眼突起在后头，赭红色。触角4节，第4节长于第2、3节之和，第2节最短。前胸背板向前下倾，前缘具领，后缘呈2个弯曲，侧角刺状，表面及胸侧板密布疣点和刻点。头、胸两侧有光滑完整的带状黄色横条斑。后胸腹板后缘极窄，几乎成角状。腹部背面浅黄棕色，各节端部有黑色斑。后足腿节基部内侧有1个明显的突起，腿节腹面具1列黑刺，胫节稍弯曲，其腹面顶端具1齿，雄虫后足腿节粗大。臭腺孔长向前弯曲，几乎达于后胸侧板前缘。前翅革片前缘的近端处稍向内弯，腹部第1节较其余节窄。

[习性] 初孵若虫在卵壳上停息半天后，即开始取食。成虫交尾多在上午进行。卵多产于叶柄和叶背，少数产在叶面和嫩茎上，散生，偶聚产成行。每雌每次产卵5～14粒，多为7粒，一生可产卵14～35粒。

[分布] 浙江（钱江源国家公园）、江西、广西、四川、贵州、云南等地。

15. 稻棘缘蝽
Cletus punctiger (Dallas, 1852)

【形态特征】体狭长，长9.5～11mm，宽2.8～3.5mm。黄褐色，密布刻点。头顶中央具短纵沟，头顶及前胸背板前缘具黑色小粒点；触角第1节较粗，长于第3节，第4节纺锤形。复眼褐红色，单眼红色。喙达中足基节间。前胸背板侧角细长，稍向上翘，末端黑。

【习性】成虫几乎全年可见，生活在中海拔山区。

【分布】浙江（钱江源国家公园）、江西、广西、四川、贵州、云南等地。

（八）缘蝽科
Coreidae

16. 蛛缘蝽属某种
Alydus sp.

【形态特征】眼前部分呈三角形，眼后部分收缩。头大，头部长宽约相等，宽度窄于前胸背板。单眼小，且间距大。触角第1节短于第2节。前胸背板侧角不显著外翻，不呈刺状突出。股节加粗，端部内侧排列有3~5个刺；胫节直，不弯曲，稍长于股节。雄性生殖囊背刺彼此交叉，端部外侧锯齿状。

【习性】成虫和若虫有拟蚁的特点，喜欢在蚁巢附近活动。

【分布】中国记录2种，欧蛛缘蝽（*A.calcaratus*）和亚蛛缘蝽（*A. zichyi*）。欧蛛缘蝽为全北区分布的物种，即分布于古北区和新北区。亚蛛缘春分布于亚洲温带地区。

17. 硕蝽
Eurostus validus Dallas, 1851

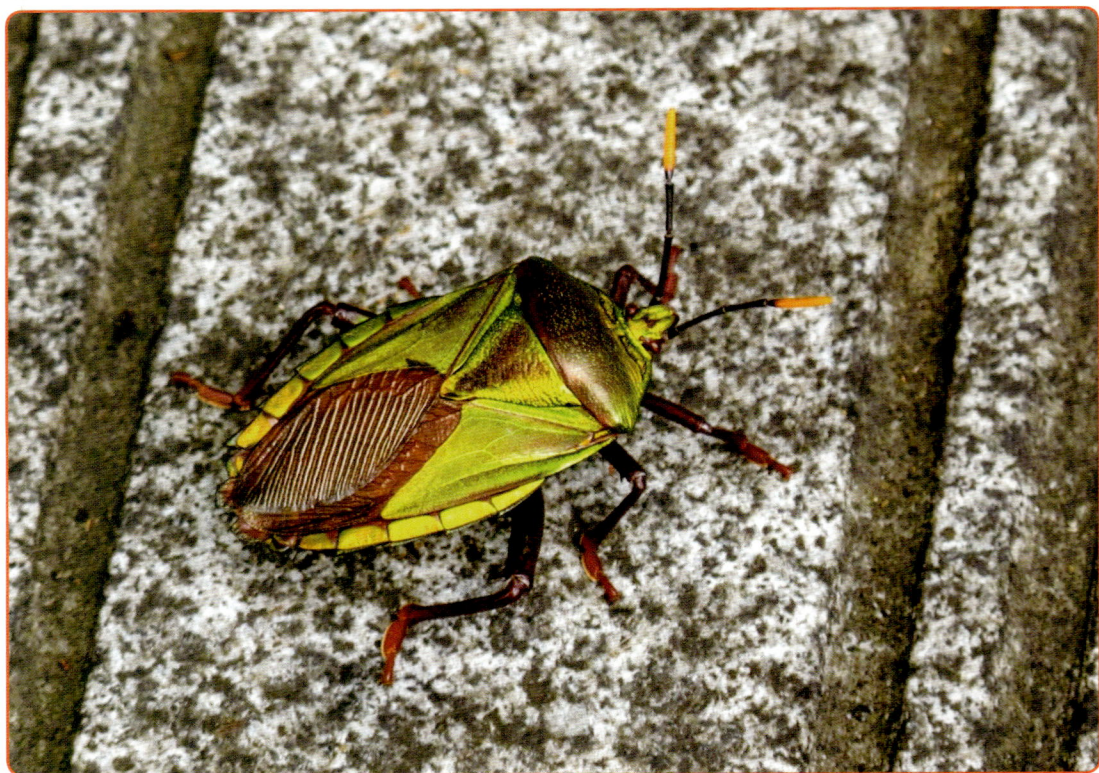

【形态特征】体长25～34mm，宽11～17mm。椭圆形，大型。触角第4节黄色。小盾片两侧及侧接缘大部分为金绿色。后胸腹板明显隆起，其表面与足的基节外表面在同一水平上。

【习性】卵多聚产，成虫有假死性，遇敌或求偶时会发出声音。

【分布】浙江（钱江源国家公园）、河北、山东、江苏、安徽、湖北、湖南、陕西、贵州、四川、重庆、江西、广东、广西、云南、福建、中国台湾。

18. 筛豆龟蝽
Megacopta cribraria (Fabricius, 1798)

【形态特征】成虫体长 4.3～5.4mm，宽 3.8～4.5mm。近卵圆形，淡黄褐色或黄绿色，微带绿光，密布黑褐色小刻点。复眼红褐色。前胸背板有 1 列刻点组成的横线。小盾片基缘两端色淡，侧缘无刻点。腹部腹面两侧具辐射状黄色宽带纹。雄虫小盾片后缘向内四陷，露出生殖节。

【习性】在浙江 1 年 3 代。

【分布】广布种。

19. 黑尾叶蝉
Nephotettix bipunctatus (Fabricius)

【形态特征】成虫体长4.5～6mm。头至翅端长13～15mm。体色黄绿色，头、胸部有小黑点。上翅末端有黑斑。头与前胸背板等宽，向前成钝圆角突出，头顶复眼间接近前缘处有1条黑色横凹沟，内有1条黑色亚缘横带。复眼黑褐色，单眼黄绿色。雄虫额唇基区黑色，前唇基及颊区为淡黄绿色；雌虫颜面为淡黄褐色，额唇基的基部两侧区各有数条淡褐色横纹，颊区淡黄绿色。前胸背板两性均为黄绿色。小盾片黄绿色。前翅淡蓝绿色，前缘区淡黄绿色，雄虫翅端1/3处黑色，雌虫为淡褐色。雄虫胸、腹部腹面及背面黑色；雌虫腹面淡黄色，腹背黑色。各足黄色。

【习性】越冬若虫多在4月羽化为成虫，迁入稻田或茭白田为害，少雨年份易大发生。

【分布】长江中上游和西南各地。

（十二）象蜡蝉科
Dictyopharidae

20. 瘤鼻象蜡蝉
Saigona fulgoroides (Walker, 1858)

【形态特征】体长 15mm，翅展 28mm，头突长 5mm。身体背面栗褐色，腹面黄褐色。头向前平直突出；头突比腹部稍短，中部有 3 对瘤状突起，端部呈棒槌形。中胸背板中脊处有 1 乳黄色纵带，十分明显。腹部背面散布黄褐色斑点，背面中域有 1 黄褐色纵纹。翅透明，前后翅翅脉均为深褐色。

【习性】取食蕨类植物、杂草。

【分布】浙江（钱江源国家公园）、湖甭、重庆、四川、中国台湾；日本。

21. 斑带丽沫蝉
Cosmoscarta bispecularis White,1844

【形态特征】体长13～15.5mm。头部、前胸背板和前翅橘红色，黑色的斑带明显。复眼黑色，单眼小而黄色。前胸背板长、宽略相等，前、后侧缘及后缘有缘脊；近前缘有2个近长方形的大黑斑；中脊极弱。前翅橘红色，网状区黑色，基部到网状区之间有7个黑斑。

【习性】取食桑、桃、茶、咖啡、三叶橡胶。

【分布】浙江（钱江源国家公园）、福建、江苏、安徽、江西、中国台湾、广东、广西、四川、云南、贵州、海南。

四、鞘翅目 Coleoptera

22. 离斑虎甲
Cicindela separata Fleutiaux, 1894

【形态特征】头、胸和腹一部分为蓝绿色，具有金属光泽。胫节和跗节背面绿色。腹面紫色或蓝紫色。前胸背板呈方形，长基本等于宽。每只翅有5个淡黄色的斑纹。胸部侧板和腹部前3节被白色绒毛。

【习性】常栖息于林间的小路、开阔地或土坡上。

【分布】浙江（钱江源国家公园）、江苏、福建、云南。

23. 星斑虎甲
Cicindela kaleea Bates, 1866

【形态特征】成虫体长8～9mm，体宽2～2.5mm。体背墨绿色或黑色，有光泽。腹面黑色且具绿色光泽。头部颊区无毛，头顶沿复眼圈有2对长毛。触角柄节端部具1端毛。上唇近前缘处有鬃毛6～8根。唇基黑色、光滑。前胸背板近侧缘纵向有数根毛，侧板近下缘有少数毛。中、后胸侧片有毛。腹部毛短而稀。鞘翅斑纹金黄色，很小，肩斑呈小星斑状，雌虫中间肩斑更小。中部2斑相连，端斑不达鞘缝。

【习性】常栖息在灌木丛的树叶上，捕食小型昆虫。

【分布】浙江（钱江源国家公园）、北京、河北、江苏、湖北、广东、广西等地。

24. 方胸肥角锹甲
Aegus laevicollis Saunders, 1854

[形态特征] 雄性：小至中型，红褐色至黑褐色，较闪亮；头中央微凹，上颚弯曲，与头几乎等长；前胸背板宽短；小盾片心形，密布小刻点；鞘翅具有8条明显纵条，被白毛。雌虫：身体更隆起；前胸背板中央的凹陷不如雄虫明显，但鞘翅比雄虫更光亮。

[习性] 未知。

[分布] 浙江（钱江源国家公园）、安徽、江西、福建、湖南、四川。

25. 红足半刀锹甲
Hemisodorcus rubrofemoratus (Snellen van Vollenhoven, 1865)

形态特征 雄虫体长43～45mm，雌虫约32mm。腹部、腿节均有明显红斑。雌虫前足胫节向外侧弯曲；雄虫大颚整体较为笔直向前，基部起2/3部分没有内齿，前胸背板前角内凹较大。

习性 常栖息于海拔1000m以下的山区林地。

分布 浙江（钱江源国家公园）、辽宁、北京、河南、甘肃、湖北、四川。

（十五）锹甲科
Lucanidae

26. 中华大扁锹
Dorcus titanus platymelus (Saunders, 1854)

【形态特征】雄性：中到大型，体较扁平，红褐色至黑褐色，黯淡；体背粗糙，具颗粒质感；头部宽大于长，近长方形；上颚较扁直且粗壮，约等于头长，基部至中部宽阔，端部较细而平截且稍内弯；前胸背板中央较平；小盾片近心形；鞘翅表面较光滑，具细小的刻点，中部有1条较深的纵带。雌性：更闪亮；头、前胸背板周缘、鞘翅周缘上具非常深密的大刻点，头顶中央有2个近圆形的小隆突；上颚短于头长，中部具1个三角形小齿；上唇近五边形，具浓密的黄毛；前胸背板中央相当光滑，比雄性更隆突；鞘翅上具明显细小刻点形成的线，但无规则地排列。

【习性】成虫昼伏夜出。夜晚具有趋光性。在野外以吸食树液或熟透的果实为主。幼虫生活在朽木中。

【分布】中国大部分地区皆有分布；朝鲜、韩国。

27. 泥圆翅锹甲
Neolucanus nitidus (Saunders, 1854)

【形态特征】雄性：中到大型；体红褐色至黑色，较闪亮，鞘翅较其他部分更为闪亮；头中央具三角形的凹陷；上颚发达，几乎与头等长，向内稍弯曲；前胸背板宽短，中央突出，侧缘下凹；小盾片近心形；胫节端部内侧有1个长方形的短片状物，上覆浓密的黄色短刚毛。雌性：体较雄性更闪亮；体形宽而圆；中、后足胫节无齿，侧缘端部外侧无明显的片状物突出，也无明显的刚毛簇。

【习性】日间常在山路或树林地面活动。

【分布】浙江（钱江源国家公园）、安徽、江西、福建、广东、广西、海南、贵州；越南北部。

（十五）锹甲科
Lucanidae

28. 中华圆翅锹甲
Neolucanus sinicus (Saunders, 1854)

【形态特征】中到大型。雄性：体背微隆突，呈黯淡的红褐色至黑褐色。上颚短而稍薄，至多与头部等长；上缘基部、中部无齿，中部向下明显凹陷，端部尖，向内稍弯曲，上缘端部有1个直立的三角形大齿；下缘具4～5个宽钝的三角形齿，从基部到端部均匀排列（随着体形变小，上颚逐渐变短变薄，上颚上、下缘的齿也渐小渐少，至小颚型的上颚上缘无齿，下缘仅有3～4个小齿呈锯齿状排列）；前胸背板宽短，背板中央微微突出；鞘翅中度隆突，光滑黯淡；盾片半圆形。前足胫具3～4个锐齿；中后足胫节光滑无齿。雌性：体较雄性更加宽而圆钝；上颚、眼眦缘片、额区、各足上具更深密的刻点；头顶中央凹陷很浅；眼眦缘片较雄性明显宽钝，近半圆形；上颚短于头长，下缘中部宽而钝，有3个小钝齿呈锯齿状排列；前足胫节外侧端部分叉不如雄性尖锐，侧缘有3～4个较钝的齿；中、后足胫节侧缘端部外侧无明显的片状物突出，也无明显的刚毛簇。

【习性】未知。

【分布】浙江（钱江源国家公园）、安徽、上海、江西。

29. 侧裸蜣螂属某种
Gymnopleurus sp.

【形态特征】体中型。黑色。触角端部橙红色。前足为开掘式。鞘翅短而开阔，鞘翅基部略宽于前胸背板，沟线很浅。腹部侧缘为纵脊状，贯穿鞘翅。

【习性】取食脊椎动物粪便，成虫飞行能力强，有趋光性。

【分布】浙江（钱江源国家公园）、重庆、四川等地。

（十七）犀金龟科
Dynastidae

30. 华扁犀金龟
Eophileurus chinensis (Faldermann, 1835)

【形态特征】体长 18～27mm，体宽 8.5～12mm。体深褐色至黑色。体狭长椭圆形。背腹甚扁圆。头面略呈三角形。唇基前缘钝角形，前缘尖而弯翘，上颚大而端尖，向上弯翘。前胸背板横阔，密布粗大刻点。鞘翅长，侧缘近平行，具刻行。雌虫头部为一短锥突，前胸背板盘区为一宽浅纵凹。

【习性】肉食性，捕食其他昆虫，取食时用两前足胫节末端的刺来固定尸体，然后用钩子状的口器挑破体壁薄弱处取食组织。

【分布】浙江（钱江源国家公园）、辽宁、吉林、黑龙江、内蒙古、河北、山东、山西、甘肃、河南、江苏、安徽、江西、福建、湖北、湖南、广东、广西、海南、四川、贵州、云南、中国台湾；俄罗斯、朝鲜、韩国、日本、不丹。

31. 双叉犀金龟
Allomyrina dichotoma (Linnaeus, 1771)

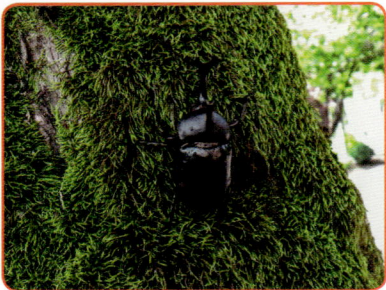

【形态特征】粗壮。长椭圆形，体长35～60mm。体棕褐色，被软毛。性二态现象明显。雄虫头部双分叉角突发达，前胸背板隆起明显，似皮质。端部分叉指向前方，形状似燕尾。雄虫个体发育差异大，角突有时不明显。

【习性】1年发生1代。以幼虫在湿润的腐殖质中生活、越冬。成虫取食植物的嫩枝和花；幼虫多以朽木形成的腐殖质为食。成虫昼伏夜出，黄昏开始活动，有趋光性。

【分布】浙江（钱江源国家公园）、辽宁、吉林、黑龙江、河北、山西、陕西、甘肃、宁夏、江苏、安徽、山东、河南、湖北、江西、福建、湖南、广东、广西、海南、四川、贵州、云南、中国台湾；朝鲜、韩国、日本、老挝。

（十八）粪金龟科
Geotrupidae

32. 华武粪金龟
Enoplotrupes sinensis Lucas, 1869

[形态特征] 体长 22.5～30mm。体黑色。头小而前突。前胸背板前缘中间具有似颈状的突出，表面不光滑。小盾片三角形，表面粗糙。鞘翅阔大，端部圆弧形向下弯折，缘折阔。臀板全或部分被鞘翅覆盖。腹面多毛。足发达。

[习性] 取食粪便。

[分布] 浙江（钱江源国家公园）、陕西、甘肃、湖北、湖南、四川、云南、西藏。

33. 铜绿丽金龟
Anomala corpulenta Motschulsky, 1854

【形态特征】前胸背板及鞘翅铜绿色，具闪光，上面有细密刻点。鞘翅每侧具4条纵脉，肩部具疣突。前足胫节具2外齿，前、中足大爪分叉。在刺毛列外边有深黄色钩状刚毛。体稍弯曲，雄蛹臀节腹面有4裂的统状突起。

【习性】在北方一年发生一代，以老熟幼虫越冬。翌年春季越冬幼虫上升活动，5月下旬至6月中下旬为化蛹期，7月上中旬至8月份是成虫发育期，7月上中旬是产卵期，7月中旬至9月份是幼虫为害期，10月中旬后陆续进入越冬。少数以2龄幼虫、多数以3龄幼虫越冬。幼虫在春、秋两季为害最烈。成虫夜间活动，趋光性强。

【分布】浙江（钱江源国家公园）、黑龙江、吉林、辽宁、河北、内蒙古、宁夏、陕西、山西、山东、河南、湖北、湖南、安徽、江苏、江西、四川、广西、贵州、广东等地；朝鲜、日本、蒙古国、韩国及东南亚等国。

（二十）鳃金龟亚科
Melolonthidae

34. 中华脊鳃金龟
Holotrichia (Pledina) sinensis (Hope, 1845)

[形态特征] 体长 19.5～23mm。体色棕红或棕褐，头、前胸背板、鞘翅基部及各足基节褐至黑褐色。通体光洁无毛，密布刻点；前胸背板宽大，两侧各有 1 个深色小坑；鞘翅有 4 条由刻点列勾出的纵肋依稀可辨，基部刻点密，向后渐稀疏。

[习性] 成虫趋光性强，取食多种植物叶片。幼虫取食腐殖质和植物根须。

[分布] 浙江（钱江源国家公园）、山东、江苏、湖北、江西、福建、广东、四川。

35. 大云鳃金龟
Polyphylla laticollis chinensis **Lewis, 1887**

【形态特征】体长31～38.5mm。栗褐色或黑褐色。鞘翅颜色浅于头和前胸背板。具近白色的云纹斑。体长椭圆形，背面相当隆拱。唇基前缘强烈上折，中段微弧凸。额区密被灰黄色或棕灰色绒毛。前胸背板盘区前侧部具微凹陷，侧缘有具毛缺刻。小盾片大，中纵滑亮，两侧被白鳞。臀板及腹下被短毛。胸下绒毛厚。

【习性】成虫有趋光性，雄虫明显强于雌虫。幼虫常在河边林间沙地、沙壤土中。

【分布】浙江（钱江源国家公园）、北京、山东、山西、四川、西藏。

（二十一）叩甲科
Elateridae

36. 筛胸梳爪叩甲
Melanotus (Spheniscosomus) cribricollis (Faldermann, 1835)

[形态特征] 成虫体长9.8~11.6mm。体、鞘翅黑色。头呈"凸"字形，黑色，密布较粗的刻点，在"凸"字两侧凹陷处着生触角。触角11节，第1节端部较粗，第2、3节念珠状，末节纺缍形，余为锯齿状。触角后方为复眼，均为黑色。前胸背板黑色，前胸背板后缘两尖角间宽2.6~3.4mm，后缘角向后突出约0.5mm，包于鞘翅肩部。鞘翅黑色，长度为前胸的2倍，9条刻点纵沟。

[习性] 幼虫孵化时，先从卵的一端咬开一个近圆形小盖，孵化后，卵及卵盖连接完好。幼虫活动具有明显的节律性，随土壤温度的变化活动于不同的土层中。幼虫取食亦具有明显的节律性。羽化成虫出土期较长，出土期在4~7月，长达3个多月。4月开始出现成虫羽化，但数量极少，5月中旬是出土盛期，6月下旬为出土末期，7月出土期结束。成虫具有明显的趋光性，对白炽灯、日光灯、黑光灯及手电筒等光源均有一定的趋性。

[分布] 浙江（钱江源国家公园）、内蒙古、河北、山东、江西、福建、广西。

37. 丽叩甲
Campsosternus auratus (Drury, 1773)

【形态特征】全身光亮，无毛，椭圆形，铜绿色。前胸背板两侧（不包括前胸背板周缘和后角）、前胸侧板（不包括前胸侧板周缘）、腹部两侧及最后两节间膜红色。上颚、下颚须、下唇须、触角及跗节黑色。复眼和爪栗褐色。头顶凹陷，两侧高凸，散布粗刻点。额前缘无脊，紧接上唇。触角向后不达前胸后角端部。第1节向端部变粗；第2节最小，圆锥状；第3节形状相似于第4节，但明显小于第4节；末节狭长，近端部两侧

有缢缩。前胸背板宽明显胜于长；中央密布微弱刻点；两侧密布细颗粒，无光泽；侧缘凸边，前端微弱内弯；后角宽，边缘隆起，端部下弯，指向后方，不分叉。小盾片横宽，横椭圆形，无刻点。鞘翅等宽于前胸，自中部向后逐渐变狭，侧缘上卷，端部锐尖；表面凸，散布微弱刻点，有微弱条痕。腹面除前胸侧板外，散布有细弱刻点；腹前叶前端刻点粗、密，连成筛点状。腹部两侧低凹不平。

【习性】成虫常见于苦楝、木梨等植物上。前胸腹面有一个楔形的突起，正好插入中胸腹面的一个槽里，这两个器官镶嵌起来，就形成了一个灵活的机关。当发达的胸肌肉收缩时，前胸准确而有力地向中胸收拢，不偏不倚地撞击在地面上，使身体向空中弹跃起来，一个"后滚翻"，再落下来。

【分布】浙江（钱江源国家公园）、江苏、安徽、湖北、江西、湖南、福建、重庆、四川、贵州、中国台湾等地。

38. 糙翅钩花萤
Lycocerus asperipennis (Fairmaire, 1891)

【形态特征】体长 13～16mm，宽 3～4mm。头、额部橙色，前胸背板橙色，鞘翅黑色，外侧缘基半部淡色，足黑色，腿节基部橙色。触角丝状。雌虫前胸背板宽于雄虫的。雄虫跗爪简单，雌虫前、中跗爪外侧爪各具 1 基齿。

【习性】常见于植物上。成虫发生期 5—7 月。

【分布】浙江（钱江源国家公园）、甘肃、陕西、湖北、四川。

（二十二）花萤科
Cantharidae

39. 华丽花萤
Telephorus regalis Gorham, 1889

【形态特征】体长20~23mm。头黑色，触角黑色，到端部逐渐变为黑褐色；前胸背板及腹面黄色；后胸腹面黑色；鞘翅蓝色；腹部各节中部黑色，两侧及后缘黄色。头近方形。触角第3节最短，是第2节长的2/3。前胸背板中部隆突，前缘具透明斑1列。鞘翅粗糙，被密毛。腹部第1节退化。

【习性】成虫多见于花草中，幼虫发现于土壤、苔藓或树皮下。杂食性，可为害小麦、芹菜及部分葫芦科秧苗。

【分布】浙江（钱江源国家公园）、甘肃、江苏、湖北、江西、福建、广东、广西、云南。

40. 栉甲属某种
Cteniopinus sp.

[形态特征] 体中等大小，体长10～11mm。复眼间距略大于眼直径。前胸背板基部两侧略凹。鞘翅两侧近平行，近端部急剧收缩，具黄色微毛。足黑褐色，腿节粗壮，胫节端部略圆。

[习性] 成虫常见花或叶上，幼虫生活在朽木或腐殖土中。通常土栖或钻蛀朽木，对植物根部及植物发育或竹木材产生为害。成虫4—10月于倒木或朽木周边可见，具趋光性。幼虫取食朽木或蘑菇。

[分布] 中国广布；广泛分布于世界各地，尤以热带居多。

41. 六斑月瓢虫
Menochilus sexmaculatus (Fabricius, 1781)

【形态特征】体长 4.5～6.6mm，体宽 4.0～5.3mm。体长圆形，背面半圆形隆起，表面光滑，黑色。头淡黄色，有时在前缘中部有 1 个三角形黑斑。复眼黑色，触角、口器褐色。前胸、背板前、角前缘淡黄色，前缘黄色条均宽，两前角处各有 1 个黄色大斑，斑向中后方向斜伸，留下黑色呈"工"字形。小盾片黑色。

【习性】成虫一生可交尾多次，每次交尾 0.5～2h，有的长达 6h 以上，一次交尾后能满足其整个产卵期受精用。产卵前期一般 8d 左右，一天产卵 1～7 次，每次产 3～32 粒，一般 6～11 粒。每雌产卵量 200～650 粒。成虫具有较强的耐饥力，高温季节可活 7～14d；绝食一周仍可多次交尾。卵产于叶背及其附近。幼虫同块卵几同时孵化，很整齐。幼虫 4 龄，脱皮时不食不动，身体呈弧形，用腹末节突起固着在植物上。爬行力较弱，能在植物株间扩散。在缺食情况下，有自残习性。蛹：老熟幼虫化蛹前，以腹末节突起固定其躯体，化蛹时，蜕下的皮壳置于蛹体尾端；化蛹部位通常在叶背、叶面或附近，一般单个，也有数个聚集一处。取食：六斑月瓢虫成幼虫均可取食蚜虫和木虱，成虫日捕食蚜虫量（包括成、若蚜）为橘蚜 120～250 头、柏芽 100～200 头、苜蓿蚜 90～320 头、棉蚜 210～410 头。

【分布】浙江（钱江源国家公园）、四川、福建、广东、云南。

（二十四）瓢虫科
Coccinellidae

42. 龟纹瓢虫
Propylea japonica (Thunberg, 1781)

【形态特征】体长 3.4～4.5mm，体宽 2.5～3.2mm。外观变化极大。标准型翅鞘上的黑色斑呈龟纹状；无纹型翅鞘除接缝处有黑线外，全为单纯橙色；另外尚有四黑斑型、前二黑斑型、后二黑斑型等不同的变化。斑纹多变（十多种），有时鞘翅全黑或无黑纹。

【习性】常见于农田杂草，以及果园树丛，捕食多种蚜虫。耐高温，7月下旬后受高温和蚜虫凋落的影响，其他瓢虫数量骤降，而龟纹瓢虫因耐高温、喜高湿，在棉花、芋头、豆类等作物田，数量占绝对优势（90%以上）。在棉田7—8月以捕食伏蚜、棉铃虫和其他害虫的卵及低龄幼若虫。7—9月，也是果园害虫的重要天敌，在苹果园取食蚜虫、叶蝉、飞虱等害虫。

【分布】浙江（钱江源国家公园）、黑龙江、吉林、辽宁、新疆、甘肃、宁夏、北京、河北、河南、陕西、山东、湖北、江苏、上海、湖南、四川、中国台湾、福建、广东、广西、贵州、云南；日本、俄罗斯、朝鲜、越南、不丹、印度。

43. 异色瓢虫
Harmonia axyridis (Pallas, 1773)

[形态特征] 体长5.4～8mm，体宽3.8～5.2mm。虫体卵圆形，呈半球形拱起，背面光滑无毛。背面色泽斑纹变异甚大。头部由橙黄色或橘红色至全部为黑色。前胸背板在中线两侧共具2对黑斑，一对位于中线中央两侧，另一对位于中线近基部两侧，在中线与侧缘之间，或除上述斑点外，在中线中央近基部处具1长形黑斑，或各斑相互连接成"M"形，或"M"形斑的基部扩大，形成黑色近梯形之大斑，或基色为黑色，两肩角部分具浅色大斑。小盾片与鞘翅同色或黑色，如为浅色型，则黑色部分常扩大，在两侧鞘翅上形成小盾斑。

[习性] 具有迁飞习性，是其适应气候条件、维持种群繁衍的一种能力。越冬回迁，春季的迁出时间在每年的3月中下旬至4月末，秋季的回迁时间在每年的10月上旬至10月末。迁出、回迁的最高峰均出现在风速较低、气温较高的晴天的13:00～15:00。比较发现，春季迁出、回迁过程的时间更集中，回迁速率更高，因为异色瓢虫存在较强的短距离定向行为，随着温度上升，回迁速率的升高，定向能力也逐渐加强。此外，异色瓢虫还存在自残行为、滞育和假死行为等习性，这些均是异色瓢虫提高生态适合度的重要策略。自残行为常见于异色瓢虫幼虫阶段，取食同种卵或异种卵。自残行为有助于提高幼虫的存活率，但不利于种群的繁衍。环境温度显著影响4龄幼虫自残发生概率。滞育的环境因素主要有光周期、温度和食物，其中，光周期是主要诱因。

[分布] 浙江（钱江源国家公园）、黑龙江、吉林、北京、河北、河南、山东、山西、陕西、甘肃、江苏、江西、福建、湖南、广东、广西；也被引入欧洲、北美洲、南美洲及大洋洲等地进行害虫防治。

（二十五）天牛科
Cerambycidae

44. 弧斑红天牛
Erythrus fortunei White, 1853

【形态特征】体较狭。头、触角、小盾片、体腹面及足黑色，前胸背板及鞘翅红色。前胸前端狭、后端阔；前胸背板的黑色绒毛斑有2～3对，中央有1对黑色圆形的瘤，瘤的外侧各有1个黑色弧形斑纹，两侧对称呈括弧状。

【习性】成虫出现于夏季，主要生活在低海拔山区。喜好访花吸蜜。

【分布】浙江（钱江源国家公园）、江苏、福建、四川、广东、广西、中国香港、中国台湾。

45. 皱胸粒肩天牛
Apriona rugicollis Chevrolat, 1862

【形态特征】体长 30～48mm。体棕色，被绒毛。雌虫的触角与身体基本相等，而雄虫触角比雌虫长；触角很多节下部有灰白色。前胸背板具有十分不规则似褶皱一样的凸线。前胸背板和鞘翅的一部分有粗大而褐色的不规则排列的突起。

【习性】寄主植物为苹果、桑、樟树、泡桐等。

【分布】浙江（钱江源国家公园）、辽宁、北京、河北、山西、山东、河南、陕西、甘肃、青海、上海、江苏、安徽、福建、江西、湖北、湖南、广东、广西、海南、四川、贵州、云南、西藏、中国台湾、中国香港；俄罗斯、朝鲜、韩国、日本。

（二十五）天牛科
Cerambycidae

46. 珊瑚天牛
Dicelosternus corallinus Gahan, 1900

[形态特征] 体长28mm、宽10mm。体宽长方形，较大。暗红色，头部触角2～6节端部黑色，7～10节端半部暗黑色，第11节全暗黑色，各节被稀疏细黑毛。鞘翅珊瑚红色，光亮，翅面中部后方有一煤烟色细毛组成的波形横带。小盾片黑色。足的基节、转节、腿节末端、跗节1～3节及爪均黑色，体表光滑，额宽短，中部凹陷，表面粗糙不平，边缘成厚隆脊，具稀疏刻点。颊、头顶、后头具稀疏粗刻点。触角伸达鞘翅后端1/4处，柄节肥短，向端部显著肥大，基部背方具1宽洼陷，第3节略长于柄节，第4～7各节与柄节等长，第11节端部1/3呈笔尖状，很像一个假的12节。前胸背板横宽肥厚，后端宽于前端，背方显著呈半球形隆起，表面粗糙，密布不规则短皱纹，侧刺突粗短，末端钝，位于侧缘后方1/3处。小盾片极狭长，末端尖狭。鞘翅宽阔，表面光滑，几无刻点。前、中胸腹板凸片极发达，呈锥状突起，高出基节，末端钝，略平坦；后胸前侧片后端具臭腺孔。腿节向近端部肥大。

[习性] 成虫出现春、夏二季，生活在低海拔山区。喜欢花或吸食渗流的植物汁液。

[分布] 浙江（钱江源国家公园）、江西、湖南、福建、中国台湾、广东、贵州。

47. 黄毛绿虎天牛
Chlorophorus signaticollis (Castelnau et Gory, 1841)

【形态特征】体长 12~15mm。全身满布密集淡灰褐色或黑色短毛。前胸背板中央具不明显黑色块状斑，两侧各具 1 小黑点。翅鞘前方具弧形黑色细线，中、后方有 2 道黑色横向粗斑纹。

【习性】成虫出现于春、夏二季，生活在低、中海拔山区。喜好访花，常在枯木上求偶或产卵。

【分布】浙江（钱江源国家公园）、山东、山西、河北、陕西、湖北、江西、福建、中国台湾、广东；印度、日本。

（二十六）叶甲科
Chrysomelidae

48. 十星瓢萤叶甲
Oides decempunctatus (Billberg, 1808)

【形态特征】体长约12mm。椭圆形，土黄色。头小隐于前胸下。复眼黑色。触角淡黄色丝状，末端3节及第4节端部黑褐色。前胸背板及鞘翅上布有细点刻。鞘翅宽大，共有黑色圆斑10个，略成3横列。足淡黄色，前足小，中、后足大。后胸及第1～4腹节的腹板两侧各具近圆形黑点1个。

【习性】成虫及幼虫均取食叶片。幼虫老熟后钻入土中筑室化蛹。成虫羽化后迁至寄主为害。主要取食葡萄、野葡萄及乌敛莓等植物。以卵在枯枝落叶层下过冬，卵黏结成块状，于次年5—6月孵化。成虫会分泌一种黄色液体，有恶臭，借以逃避敌害。

【分布】浙江（钱江源国家公园）、吉林、河北、山西、陕西、甘肃、山东、河南、江苏、安徽、福建、广东、海南、广西、四川、贵州；日本、朝鲜、越南。

49. 莲草直胸跳甲
Agasicles hygrophila Selma et Vogt, 1971

【形态特征】体黑色。两鞘翅上各有1条"U"形黄色纹。触角鞭状，11节，长约为体长的1/3。成虫会跳跃和飞行，飞行距离可达1m，迁飞距离可达数千米。蛹：金黄色，体长9～12mm，腹部两侧具齿状突起。

【习性】幼虫具趋嫩性，主要取食心叶和第3～5片嫩叶，取食叶背后留下表皮，取食量随幼虫的龄期而增加，而且具有吃卵壳的习性。成虫终日取食，多集中取食喜旱莲子草的嫩叶，有时取食幼茎。

【分布】浙江（钱江源国家公园）、陕西、河南、上海、江苏、安徽、江西、四川、重庆、湖北、湖南、海南等地。

（二十七）肖叶甲科
Eumolpidae

50. 绿缘扁角叶甲
Platycorynus parryi Baly, 1864

【形态特征】体背紫金色，前胸背板侧缘、鞘翅侧缘和中缝两侧绿色或蓝绿色；体腹面常具金属蓝、绿、紫三色。触角基部4或5节棕黄色或棕红色，其中，第1节背面常具金属色，端部6或7节黑色。头部刻点粗大，不密，唇基刻点密而深刻，头顶和额的中央有1条深纵沟纹，复眼之间有1条横凹沟，复眼的内侧和上方有1条向后展宽的深纵沟。触角长超过鞘翅肩部。前胸背板横宽，中部隆突如球形，侧边弧形，稍敞出，前角稍突出。盘区刻点较头部的细密，两侧刻点较大。小盾片舌形，具细小刻点。鞘翅基部宽于前胸，刻点细小，排列成不规则纵行。前胸腹板较宽阔，长大于宽，两侧中部各有1个三角形小突起，表面刻点和毛被很密。雄虫前中足跗节第1节明显地较雌虫的宽阔。

【习性】成虫和幼虫均为植食性，取食植物的根、茎、叶、花等。许多种类对农作物、蔬菜、林木、果树、牧草造成严重为害。寄主植物以被子植物为主，裸子植物极少。

【分布】浙江（钱江源国家公园）、湖北、湖南、贵州、江苏、江西、福建、广东、广西。

51. 黑额光叶甲
Smaragdina nigrifrons (Hope, 1843)

【形态特征】头部漆黑，头顶高凸。触角细短，除基部4节为黄褐色外，其余为黑色至暗褐色。前胸背板隆突，红褐色或黄褐色，光亮，有黑斑。小盾片三角形，黄褐色至红褐色。鞘翅黄褐色至红褐色，有宽横带2条，一条在基部，一条在中部稍后。腹部腹面颜色雌雄差异较大，雄虫多为红褐色，雌虫多为黑色至暗褐色。足基节、转节黄褐色，其余为黑色。

【习性】在北方每年发生1～2代，南方2～3代，以成虫越冬。成虫咬食枣芽、叶片，将叶食成缺刻和孔洞，严重时吃光叶片。为害白茅属、蒿属、栗属、柳属、榛属等植物。

【分布】浙江（钱江源国家公园）、辽宁、河北、北京、山西、陕西、山东、河南、江苏、安徽、湖北、江西、湖南、福建、中国台湾、广东、广西、四川、贵州；朝鲜、日本。

（二十七）肖叶甲科
Eumolpidae

52. 黄足黑守瓜
Aulacophora lewisii Baly, 1886

【形态特征】体长5.5～7mm，宽3～4mm。全身仅鞘翅、复眼和上颚顶端黑色，其余部分均呈橙黄色或橙红色。卵：黄色，球形，表面有网状皱纹。幼虫：黄褐色，腹胴部各节均有明显瘤突，上生刚毛。蛹：灰黄色，头顶、前胸及腹节均有刺毛，腹部末端左右具指状突起，上附刺毛3～4根。

【习性】成虫昼间交尾，喜在湿润表土中产卵，卵散产或堆产，每雌虫可产卵4～7次，每次约30粒。卵期10～25天，幼虫孵化后随即潜入土中为害植株细根，3龄以后为害主根。幼虫期19～38天，蛹期12～22天，老熟幼虫在根际附近筑土室化蛹。成虫行动活泼，遇惊即飞，稍有假死性，但不易捕捉。喜湿好热，成虫耐热性强、抗寒力差，南方地区发生较重。成虫在避风向阳的杂草、落叶及土壤缝隙间潜伏越冬。翌春当土温达10℃时，开始出来活动，在杂草及其他作物上取食，再迁移到瓜地为害瓜苗。在年发生1代区域越冬成虫5—8月产卵，6—8月是幼虫为害高峰期。8月成虫羽化后为害秋季瓜菜，10—11月逐渐进入越冬场所。

【分布】浙江（钱江源国家公园）、江西、福建、湖南、湖北、广东、广西等地。

53. 甘薯蜡龟甲
Laccoptera guadrimaculata (Thunberg, 1789)

【形态特征】体长 7.5～10mm，宽 6.4～8.6mm。体近三角形。前胸背板和两鞘翅向外延伸部分为黄褐色半透明，有网状纹，其余部分暗褐色。在两鞘翅背面暗褐色里，有呈"干"字纹的黑色或黑褐色斑。触角 11 节，黄褐色，雌虫末端 3 节为黑色，雄虫末端 5 节为黑色。其指名亚种在驼顶的黑色斑仅处于前坡；驼顶的黑色斑覆盖于驼顶的全部；肩瘤黑斑经常存在。

【习性】在南方年发生 5～6 代，常有世代重叠现象。无明显的冬眠。成虫产卵于叶背，呈鞘块状，每鞘内有卵 2～4 粒。幼虫体扁平，黄色至黄褐色，脱下的皮和排泄物贴伏背上。成虫和幼虫均为害甘薯，使幼苗被毁。在广东每年 3 月中旬、在福建 5 月上中旬田间成虫陆续出现，9 月上中旬成虫盛发。高温干旱季节此虫发生为害猖獗。幼虫移动性小，发生为害严重时，满田薯叶孔洞累累，影响甘薯生长。

【分布】浙江（钱江源国家公园）、江苏、湖北、福建、中国台湾、广东、海南、广西、四川、贵州；国外越南有记载。

（二十九）三锥象科
Brentidae

54. 宽喙锥象
Baryrhynchus poweri Roelofs, 1879

【形态特征】体长 10.6～23.5mm。体红棕色。鞘翅具黄斑。整体较光滑。头较长，前窄后宽，前胸背板形似圆桶，中部最鼓。鞘翅突脊行间距基本相等，脊间有 1 列刻点。

【习性】栖息于枯木的树皮下，夜晚具趋光性。

【分布】浙江（钱江源国家公园）、云南、中国台湾；日本、新加坡。

55. 松瘤象
Sipalus gigas (Fabricius, 1775)

[形态特征] 体长12～24mm。黑褐色，颜色不均匀。身体极不光滑，全体具有大小不一且不规则的突起。喙前伸。前胸背板突起最大且不规律，覆盖整个背板。鞘翅行线稀疏。足胫节末端有1个锐钩。

[习性] 成虫具假死性和较强的趋光性。

[分布] 浙江（钱江源国家公园）、江苏、江西、福建、湖南；朝鲜、日本等国。

五、鳞翅目 Lepidoptera

（三十一）钩蛾科
Drepanidae

56. 接骨木山钩蛾
Oreta loochooana Swinhoe, 1902

【形态特征】体长9～12mm。触角黄褐单栉形，满被黄色茸毛；身体背面棕黄，两侧橙黄，腹面鲜红，前翅赤褐间有黄斑，并有金属光泽；顶角弯曲度小，内线黄色"S"形，外线黄色，自顶角斜向后缘中部，顶角处有棕色斑，后翅内线黄色，顶角有1橙褐色斑。

【习性】夜晚具趋光性。

【分布】浙江（钱江源国家公园）、山东、江西、湖南、福建、四川。

57. 古钩蛾
Palaeodrepana harpagula (Esper, 1786)

[形态特征] 翅展30～38mm，体长9～12mm。头棕褐色，被黑色鳞毛。下唇须短黄色。触角：雄蛾双栉形，灰褐色，雌蛾叶片形，褐色。身体背面棕色，腹面黄褐色。前翅黄褐色，有紫色光泽，内线及中线褐色且呈波浪纹，外线灰色，顶角外突，下缘内陷。中室有1褐斑，与外线相隔，中室端有1小黄点。后翅色稍浅，内线及中线褐色，波浪纹；中线内侧有1浅褐色斑，斑外有2个灰黑色小点；外线浅灰色波浪形；端线褐色；缘毛黄色；外缘弧形；中部不向外突出。

[习性] 未知。

[分布] 浙江（钱江源国家公园）、黑龙江、吉林、湖北、四川。

（三十二）大蚕蛾科
Saturniidae

58. 华尾大蚕蛾
Actias sinensis Walker, 1913

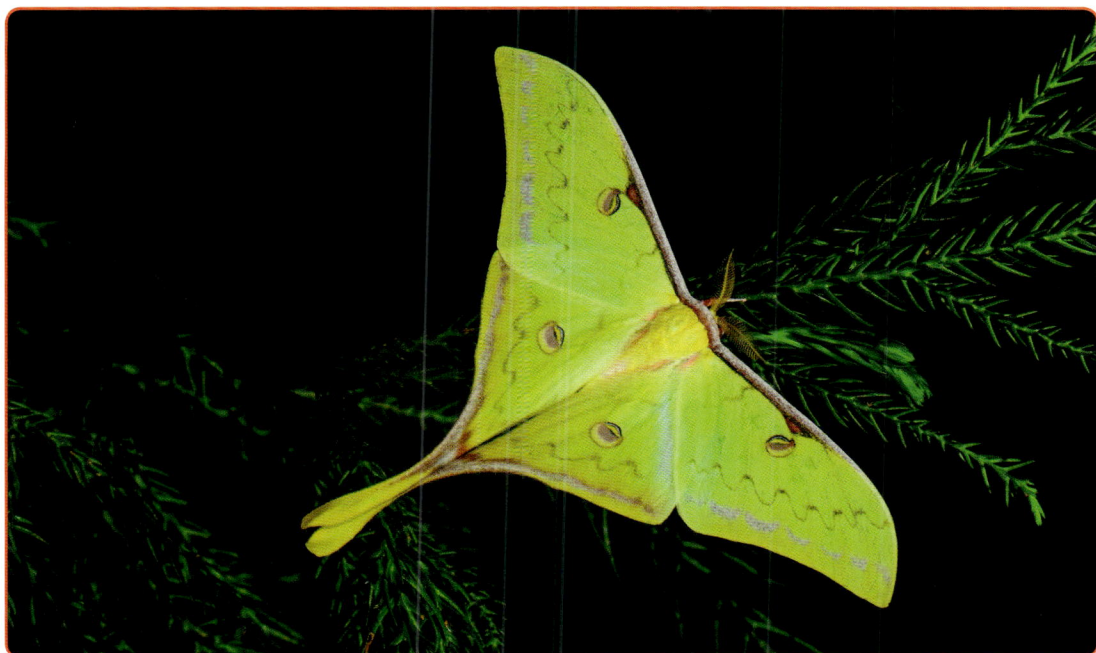

【形态特征】翅长50～55mm，体长20～25mm。体白色，有蓝色光泽。头污白色。触角浅褐色，双栉形。胸部两侧有较长白色绒毛。腹部各节间色稍深。肩板及前胸前缘紫红色，间杂有淡黄色鳞毛。前翅粉青色，稍有紫蓝色光泽；翅脉黄褐色，明显可见；内线灰白色，隐约可见；外线灰褐色，呈锯齿形；中室端有椭圆形眼形斑，中间有半透明线形纹，周围粉红色，内侧有弧形黑色条纹，外侧色较浅；外缘淡黄色。后翅色斑与前翅相似，中室的眼形斑比前翅上的稍大；后角延长达35mm，端部较细。前、后翅反面色泽及斑纹清晰可见，白色绒毛较长。

【习性】常以樟、枫杨、桦、柳、槭、核桃、栎、悬铃木等为寄主。

【分布】浙江（钱江源国家公园）、湖南、江西、广东、海南。

59. 半目大蚕蛾
Antheraea yamamai Guérin-Méneville, 1861

【形态特征】成虫翅展 12～15cm。体长：雌蛾约 4.5cm，雄蛾约 3.7cm。色泽不一，多达几十种，主要有橙黄色、灰黄色、赤褐色、红色、茶青色等各种各样不同浓淡程度的蛾色，其中，以橙黄色较多，茶青色最少。

【习性】主要取食壳斗科的植物，如辽东柞、蒙古柞、栓皮栎、尖柞等的树叶。

【分布】浙江（钱江源国家公园）、黑龙江、四川、云南。

（三十二）大蚕蛾科
Saturniidae

60. 樟蚕
Saturnia pyretorum Westwood, 1847

【形态特征】体翅灰褐色，前翅基部暗褐色，外侧为一褐条纹，条纹内缘略呈紫红色；翅中央有一眼状纹，翅顶角外侧有紫红色纹2条，内侧有黑褐色短纹2条；外横线棕色，双锯齿形；翅外缘黄褐色，其内侧有白色条纹。后翅与前翅略同。

【习性】1年发生1代，以蛹在茧内越冬。翌年2月底开始羽化，3月中旬为羽化盛期，3月底成虫终见。3月上旬开始产卵，卵10d孵化，卵最长历期30d。3月中旬到7月为幼虫为害期，在广西各龄幼虫分别为6～11d、3～9d、5～10d、8～13d、9～15d、10～14d、11～14d、10～18d，幼虫历期52～78d，在浙江约80d，6月开始结茧化蛹。

【分布】浙江（钱江源国家公园）、内蒙古、黑龙江、吉林、辽宁、河北、陕西、甘肃、山东、江苏、安徽、福建、河南、湖北、湖南、江西、广东、广西、海南、贵州、四川；印度、缅甸、越南等国。

61. 长尾大蚕蛾
Actias dubernardi (Oberthür, 1897)

[形态特征] 翅展90～120mm。雌蛾和雄蛾色泽差异大，雄蛾体橘红色，翅以杏黄色为主，外缘有很宽的粉红色带；雌蛾体青白色，翅以粉绿色为主。雌蛾和雄蛾前翅中室都带有眼状斑，后翅均有1对非常细长的尾突，且尾突都带有粉红色。

[习性] 一年发生2代，成虫4月及7月间出现，以蛹在附着于枝条上的茧中过冬。寄主有雪松（*Cedrus deodara*）、马尾松（*Pinus massoniana*）。

[分布] 浙江（钱江源国家公园）、湖北、湖南、福建、贵州、广西、广东、云南等地。

（三十二）大蚕蛾科
Saturniidae

62. 柞蚕蛾
Antherea pernyi (Guérin-Méneville, 1855)

【形态特征】雌蛾翅长50～65mm，体长30～45mm；黄褐色前翅略呈足状三角形，肩板及前胸前缘紫褐色，杂有白色鳞片，前缘多，向后渐少，顶角外展较尖；前翅及后翅内线白色，外侧紫褐色，外线黄褐色，亚端线紫褐色，外侧白色，在顶角部位白色更明显；中室末端有较大的透明眼斑，圆圈外侧有白色、黑色及紫红色线条轮廓；后翅眼斑四周黑线明显，其余部位与前翅近似。雄蛾体长35～40mm，全体略呈圆柱形，密被黄褐色鳞毛，触之易飞扬。

【习性】以幼虫蚕食寄主叶片，将叶片吃成缺刻，严重时将叶片吃光，仅留叶柄。为害栎类、苹果、山荆子、粟、山楂、核桃、柞树、樟树、蒿柳、桦、枫、法桐等多种园林植物。

【分布】浙江（钱江源国家公园）、黑龙江、内蒙古、吉林、辽宁、山东、河南、山西、贵州、四川等地；日本、韩国、印度、朝鲜等国也有少量分布。

63. 宁波尾大蚕蛾
Actias ningpoana C. & R. Felder, 1862

[形态特征] 雌虫翅长 59～63mm，体长 35～45mm；头灰褐色，触角土黄色，双栉形；体被较密白色长毛；翅粉绿色，基部有较长白茸毛，前翅前缘暗紫色；后翅后缘形成尾带，尾带末端常呈卷折状；尾突较雄虫短。

[习性] 为害山茱萸、丹皮、杜仲等药用植物。此外，还为害苹果、胡桃、樟树、乌桕等果木、林木。幼虫食叶，低龄幼虫食叶造成缺刻或孔洞，稍大时可把全叶吃光，仅残留叶柄。

[分布] 浙江（钱江源国家公园）、湖北、湖南、福建、贵州、广东、广西、云南、江西、江苏、河南、河北、辽宁、山东、山西、陕西等地。

（三十二）大蚕蛾科
Saturniidae

64. 粤豹大蚕蛾
Loepa kuangtungensis Mell, 1939

【形态特征】翅展 70～90mm。体黄色，前翅前缘黄褐色。前后翅都有多组紫红色波浪状线条，中室端部各有椭圆形眼状斑1个，紫褐色，且斑内又套有小斑。前翅顶角下方有1个卵圆形黑斑。

【习性】中国南方较为常见，是一种曝光度较高的美丽蛾类。具有强烈的趋光性，在盛发季节，是灯下的常见舞者。野生于低海拔河谷至高海拔森林。

【分布】原产于亚洲东南部，中国西南、华中、华南地区均有分布，尤其以中国西南地区种群最为丰富。

（三十二）大蚕蛾科
Saturniidae

65. 角斑樗蚕蛾
Samia cynthia watsoni (Oberthür, 1914)

【形态特征】雌虫体长25～30mm，翅展128～140mm；雄虫体长20～27mm，翅展114～135mm。体青褐色，触角羽状，长约10mm，浅灰色。头部四周、颈板前端、前胸后缘、腹部背线、侧线、末端，及足腿节外侧均有白色绒毛。腹部背面各节有白色圆斑6对，其中间有断续的白色纵线。前翅褐色，顶角后缘呈钝钩状，圆而突出，粉紫色，具2个黑色眼状斑，斑的上端为白色弧形。前、后翅中央各有1个较大的新月形斑，上缘深褐色，中间半透明，下缘土黄色，外侧有1条纵贯全翅的宽带，中间粉红色，外为白色，内深褐色，宽带上各有1内向的浅凹，基角褐色。前翅基角边缘有1条灰白色"L"纹，后翅基角边缘有白色的弧形纹，外缘有4条黄褐色波状纹。

【习性】以蛹在寄主的枝叶上或寄主地杂草丛中的茧内越冬；翌年4月下旬越冬蛹开始羽化成虫，到6月中旬终见；5月中旬第1代幼虫始见，直到7月下旬；6月中旬到8月下旬为蛹期；7月中旬羽化成虫，到10月中旬结束。第2代幼虫8月上旬初见，直至11月上旬；早期幼虫9月上旬化蛹，陆续进入越冬，最迟在11月中旬化蛹。

【分布】中国华东和西南。

（三十二）大蚕蛾科
Saturniidae

66. 银杏大蚕蛾
Caligula japonica Moore, 1862

【形态特征】前翅长50～60mm。头灰褐色。触角黄褐色，双栉形。体灰褐色至紫褐色。肩片与前胸间有紫褐色横带。胸部有较长黄褐色毛。腹部各节间色稍深。前翅顶角外凸，钝圆，内侧近前缘处有肾形黑斑。内线紫褐色较直，内线与翅基间呈紫褐色，近前缘处色更深；外线暗褐色，自前缘至中室一段较直，中室下方则呈一斜角达后缘与内线靠近；内线与外线间为粉紫色区。亚缘线由2条赤褐色波浪纹组成，亚缘线与外线间呈黄褐色。近臀角有白色月牙形纹，外侧暗褐色；中室端有月牙形透明眼斑，斑周围有白色及暗褐色轮廓。后翅从中室横线至翅基间呈较宽的红色区；中室端的眼斑较大，珠眸黑色，外围有1个灰黄褐色圆圈及银白色线2条。臀角内侧的白色月牙形更为明显。前翅背面颜色偏紫红色，中室眼斑明显，中间有珠形眸体，周围有白色及暗褐色轮纹；后翅背面中室端的眼形斑中间不见珠形眸体，近后缘有较长紫褐色茸毛。

【习性】寄主有银杏、栗、麻栗、柳、章、胡桃、楸、榛、蒙古栎、李、梨、桑、苹果、瑞木、野漆、柿、白杨、赤杨、抱栎、刺楸、千丈等多种植物。幼虫取食银杏等寄主植物的叶片成缺刻或食光叶片。

【分布】浙江（钱江源国家公园、临安）、黑龙江、吉林、辽宁、河北、山东、陕西、湖北、江西、湖南、四川、贵州、中国台湾、广东、海南、广西。

67. 褐线银网蛾
Rhodoneura strigatula Felder, 1862

【形态特征】雌蛾翅长 13mm，体长 11mm。头棕褐色。胸部赭褐色。腹部灰色。前翅灰褐色，前缘有白色斑，内带黄褐色，中带较宽且棕褐色，顶角内侧有 1 个椭圆形银斑，在 R_5 与 M_1 脉间有 1 个纵排黑点。后翅污白色，各带棕赭色，中带明显。

【习性】寄主为凹叶厚朴，以蛹越冬，越冬成虫 5 月下旬羽化。

【分布】浙江（钱江源国家公园）、广西。

（三十三）网蛾科
Thyrididae

68. 一点斜线网蛾
Striglin scitaria Walker, 1862

[形态特征] 雄蛾翅长 14.5～17mm，体长 11～13mm；雌蛾翅长 15～18mm，体长 12～14mm。头及下唇须枯黄色。触角丝状，枯黄色，各节间有深色纹，内侧有白纤毛。身体枯黄色，但有些个体色稍深，第4腹节后缘有1条深棕色横带。胸足棕黄色，跗节棕褐色，前足胫节内侧有刺突，后足胫节有距2对。前翅枯黄色，布满棕色网纹，自顶角内侧斜向后缘中部有1条棕色斜线，前细后粗，中室端有1个灰棕色椭圆形斑；外缘弧形，缘毛枯黄色间有褐色鳞片。后翅底色比前翅稍淡，布满网纹，基部有1深棕色弧纹；中部有1棕色斜线，其前缘与前翅斜线贯通；在斜线外方有1条细斜线，缘毛较前翅的略深。前、后翅腹面色略晕暗，各斜线比背面的亦细。前翅中室斑纹较圆，中央灰白色，边缘赭色。

[习性] 1年4代，以蛹在土茧中越冬，次年4月上旬越冬代成虫开始羽化，第1代、第2代、第3代成虫分别于5月中旬、6月中旬和8月上旬开始羽化。成虫产卵于叶片尖端，和主脉尖端浑然一体，不易被天敌识别；幼虫隐居卷叶虫苞内取食，不会咬穿虫苞表层叶片，以避免暴露身体，有很强的自我保护适应本能。

[分布] 浙江（钱江源国家公园）、黑龙江、四川、广西、海南、中国台湾；日本、印度、斯里兰卡、缅甸、加里曼丹、巴布亚新几内亚、斐济、澳大利亚。

69. 黄连木尺蠖
Biston panterinaria (Bremer et Grey, 1853)

[形态特征] 体长18～22mm，翅展55～65mm。体黄白色。雌蛾触角丝状；雄蛾双栉状，栉齿较长并丛生纤毛。头顶灰白色，颜面橙黄色。喙棕褐色。下唇须短小。翅底白色，翅面上有灰色和橙黄色斑点。前、后翅的外线上各有1串橙色和深褐色圆斑，但圆斑隐显变异很大，中室端各有1个大灰斑。前翅基部有1个橙黄色大圆斑，内有褐色纹。翅腹面斑纹和背面相同，但中室端灰斑中央橙黄色。

[习性] 可为害蔷薇科、榆科、桑科、漆树科等30余科170多种植物。

[分布] 浙江（钱江源国家公园）、辽宁、内蒙古、河北、山东、山西、河南、陕西、四川、云南、广西、中国台湾。

（三十四）尺蛾科
Geometridae

70. 江浙冠尺蛾
Lophophelma iterans (Prout, 1926)

[形态特征] 雄蛾触角双栉形，额黑褐色，其上端及下缘、头顶、下唇须黄白色至黄绿色，下唇须第1节、第2节粗糙。胸部腹面、腿节多毛，后足胫节不膨大，2对距。胸腹部背面亚背线黑色，腹部背面亚背线之间有隆起的立毛簇，其中，第2～4节立毛簇发达。雄蛾前翅长26～35mm，雌蛾前翅长34mm；翅面浅灰黄绿色，散布暗绿色斑块和黑色碎纹，斑纹黑色；前翅亚基线浅弧形，内线斜行微波曲中点细长、弯，周围有深色阴影；外线深锯齿形，中部外

凸，其外侧具银灰色鳞片，在前缘至M_3，紧邻1条黑灰色带，顶角下方浅色斑不明显，亚缘线为1列模糊白点，缘线在翅脉间有1列黑点，缘毛灰绿色，在翅脉端黑灰色。后翅中点细长，较直，外线在M_3上突出；锯齿表现为在翅脉上延伸的黑条，其外侧有1条模糊黑灰色带，有时在M_3与$Cu-A_2$之间形成2个狭长黑灰色斑；亚缘线、缘线和缘毛同前翅。翅腹面白色，基部略带黄白色，散布灰色碎纹，前翅内线和前后翅外线在腹面深灰色，中点大而清晰，翅端部为1条不完整黑褐色带，在前翅M脉之间扩展到外缘，在M_3下方骤细；后翅黑带常退化成1列大小不等的黑褐斑。

[习性] 未知。

[分布] 浙江（钱江源国家公园）、河南、陕西、甘肃、上海、湖北、江西、湖南、福建、海南、广西、四川；越南北部。

71. 乌苏里青尺蛾
Geometra ussuriensis (Sauber, 1915)

【形态特征】雄蛾前翅长 18～23mm，雌蛾前翅长 23～25mm。前翅顶角尖，顶角下方深凹陷，外缘波曲，在 M_3 脉端突出 1 大齿；前缘黄白色；内线、外线白色，细线形；内线微波曲。后翅外缘在 M_3 脉处有尖尾突；外线直，较前翅粗。青尺蛾属的动物。

【习性】未知。

【分布】浙江（钱江源国家公园）、黑龙江、甘肃、河南、陕西、湖北、四川；俄罗斯、日本、朝鲜半岛。

（三十四）尺蛾科
Geometridae

72. 罴尺蛾
Anticypella diffusaria (Leech, 1897)

【形态特征】全身呈褐色，触角为羽状。前翅和后翅底色为棕褐色，分别布有黑色条纹，外缘为波浪形。

【习性】浙江地区5—6月数量较多。

【分布】浙江（钱江源国家公园），主要分布于中国北京和韩国部分地区。

73. 橙尾斜带尺蛾
Myrteta angelica Butler, 1881

【形态特征】中小型。雄虫触角双栉状、雌虫触角丝状，翅长 35～45mm。前翅有 3 条粗的黑色斜带斑纹。近外缘密布淡灰色的细纹。后翅臀角区橙褐色。

【习性】普遍分布于低、中海拔山区，为常见的种类。

【分布】浙江（钱江源国家公园）。

（三十四）尺蛾科
Geometridae

74. 紫片尺蛾
Fascellina chromataria Walker, 1860

【形态特征】雄蛾前翅长17～19mm，雌蛾前翅长19mm。触角线形，雄具短纤毛。下唇须粗壮，尖端伸达额外。体和翅紫褐至黑褐色，雌蛾较雄蛾色深。雄蛾胸部腹面和足的腿节多毛。前翅顶角突出，外缘直，臀角下垂，后缘端部凹；后翅顶角凹，外缘浅弧形。翅面散布黑褐色碎纹，后翅较前翅明显。前翅前缘中部和近顶角处有灰白色小斑；中室端有1个黄斑，雌蛾的黄斑较弱；内线和外线波状，后者在 M₁ 以上消失；亚缘线在 M₁ 以下有1列黑点。后翅中室端黄斑通常近于消失；外线较近外缘；顶角和臀角常有黄斑的痕迹。缘毛深褐色或紫褐色，在前翅臀角附近黑色。前翅腹面基半部和后翅反面大部黄色，密布紫灰色碎纹。前翅腹面端半部和后翅顶角下方紫灰至紫褐色。

【习性】幼虫出现在5—6月，以杨柳科、桃、李等果树为食。其生命周期约1年。

【分布】浙江（钱江源国家公园）、湖南、江苏、中国台湾、广西、海南；日本、印度、越南、斯里兰卡。

75. 斧木纹尺蛾
Plagodis dolabraria (Linnaeus, 1767)

【形态特征】雄蛾前翅长 15mm，雌蛾前翅长 17mm。雄蛾触角双栉形，末端无栉齿；雌蛾触角线形。下唇须粗壮，尖端伸达额外，额凸，均灰红色。头顶和前胸灰褐色至黑褐色，体背黄色。前翅略狭长，外缘中部突出；后翅外缘微波曲，中部微凸。翅面黄色，排列密集并略向外倾斜的条纹，黄褐色至深褐色。前翅条纹在外线位置较密，下端在后缘外形成 1 黑褐斑；臀角处有 1 个模糊褐斑。后翅基半部条纹较弱，翅端部色略深，臀角内侧有 1 个黑斑。缘毛在两翅分别由顶角的黄色向下逐渐过渡到深褐色或深灰褐色。翅腹面鲜黄色，前翅臀角附近和后翅端部红褐色，条纹红褐色，较细碎。

【习性】未知。

【分布】浙江（钱江源国家公园）、甘肃、江苏、湖北、湖南、四川；日本、俄罗斯、欧洲。

（三十四）尺蛾科
Geometridae

76. 油桐尺蠖
Buzura suppressaria Guenée, 1858

〔形态特征〕 雌成虫体长 24～25mm，翅展 67～76mm；触角丝状；体翅灰白色，密布灰黑色小点；翅基线、中横线和亚外缘线系不规则的黄褐色波状横纹，翅外缘波浪状，具黄褐色缘毛；足黄白色；腹部末端具黄色茸毛。雄蛾体长 19～23mm，翅展 50～61mm；触角羽毛状，黄褐色；翅基线、亚外缘线灰黑色；腹末尖细；其他特征同雌蛾。

〔习性〕 1年2～3代。以蛹在树周土中越冬。幼虫食叶，影响油桐生长及产油量。成虫多在晚上羽化，白天栖息在高大树木的主干上或建筑物的墙壁上，受惊后落地假死不动或做短距离飞行，有趋光性。

〔分布〕 浙江（钱江源国家公园）、江苏、安徽、江西、湖南、广西、广东等地。

77. 撒旦豹纹尺蛾
Epobeidia lucifera extranigricans (Wehrli, 1933)

【形态特征】前翅前缘、后缘橙黄色，中央及后缘灰白色，翅面密布黑色斑点，中央具灰白色的空间较大，后翅斑纹近似前翅，中央有一条独立的横向斑点。

【习性】分布于中、低海拔山区。

【分布】浙江（钱江源国家公园）、陕西。

（三十四）尺蛾科
Geometridae

78. 桑尺蛾
Phthonandria atrilineata (Butler, 1881)

【形态特征】触角双栉状。体黄褐色。翅上密布黑褐色细横短纹，色斑变化大，但前翅均可见2条黑色横线，其中外线在顶角下外凸；后翅仅1条横线，较直。

【习性】幼虫取食桑叶，5—8月可见成虫，具趋光性。

【分布】浙江（钱江源国家公园）、北京、陕西、河北、河南、山东、江苏、安徽、江西、中国台湾、湖北、广东、四川、贵州。

79. 日本紫云尺蛾
Hypephyra terrosa Butler, 1889

【形态特征】头顶、体背和翅紫灰色，掺杂深褐色。前翅前缘黄色，排布黑灰色纹；内线锯齿状，在中室处极外凸，深褐色；中线和外线均深褐色，不规则波曲，中线在中室处极内凸，由内侧绕过中点；翅基部至顶角带黄褐色，外线内侧较明显；外线外侧有1条浅色线；亚缘线浅色波状，十分细弱，但其内侧在M_3以下有1串黑斑；缘线黑褐色，纤细，不完整；缘毛深灰色。后翅中点微小，中线和外线较平直，亚缘线较弱或消失；缘线和缘毛同前翅。翅腹面灰黄色，散布深色碎纹；前翅和后翅均有中点和深灰褐色外线，后者向外扩散至近外缘处，但前翅外线上端未达前端。

【习性】1年4～5代，以蛹在土中越冬，次年4月出现成虫，成虫白天潜伏于枝叶间或其他暗处，夜出交尾、产卵。卵散产于枝干、分枝及叶背等处。

【分布】浙江（钱江源国家公园）、上海、湖北、江西、湖南、福建、广东、广西、四川、云南、西藏。

（三十四）尺蛾科
Geometridae

80. 对白尺蛾
Asthena undulata (Wileman, 1915)

【形态特征】雄蛾翅长13mm，雌蛾翅长14mm。体及翅白色，额中部有1条灰黄褐色横带。前翅顶角略突出，后翅外缘浅波曲，中部稍突出，前翅基部散布少量褐色，亚基线、内线和中线污黄色，均深弧形；中点黑色，微小；外线黑褐色，在外缘处色浅，中部略外凸，微波曲；外线外侧1条深色带，上半段黄褐色，在 M_3 与 Cu_1 处形或1对黑斑，以下渐细，灰褐色，并在 Cu_2 以下并入外线，外线在后缘处形成1小黑斑；顶角内侧灰黄褐色，扩展至外线，形成1个三角形斑；亚缘线为翅脉间3列短条状灰黄褐色斑点；缘线为1列小黑点；缘毛污黄色与白色相间。后翅具无黄色内线，端部有2~3条污黄色线，缘线和缘毛同前翅。翅腹面白色，前翅外线及外侧深色带及顶角内侧三角形斑清晰，深灰褐色，无其他斑纹。

【习性】未知。

【分布】浙江（钱江源国家公园）、上海、湖北、江西、湖南、福建、中国台湾、广东、广西、四川。

81. 豹纹长翅尺蛾
Obeidia vagipardata Walker, 1862

【形态特征】中小型。前翅近前缘及翅端黄色密布黑色斑点，近后缘白色，近外缘的黑色，斑点细小而杂乱。停靠时，翅面四周为黄色，内部区域白色。

【习性】成虫白天活动，飞翔能力较强，行动敏捷。寄主为竹节树。幼虫取食寄主叶片。

【分布】浙江（钱江源国家公园）、福建、云南、广东、广西、海南等地；印度、泰国、越南、柬埔寨、马来西亚、印度尼西亚等国。

（三十四）尺蛾科
Geometridae

82. 中国枯叶尺蛾
Gandaritis sinicaria Leech, 1897

【形态特征】雄蛾前翅长 30～35mm，雌蛾前翅长 33～35mm。前翅枯黄色；亚基线、内线和中线波状，内线和中线间黄色，有枯黄色和灰褐色晕影；中线外侧有 2 条细纹，中点黑色，短条状，外线"〉"形，其外侧在 M_1 以上至顶角有 1 个黄色大斑，略带橘黄色。后翅基半部白色，端半部黄色；中点微小；中带"〉"形，外带和亚缘带锯齿形，后者较宽，其外侧边缘模糊，上端未达前缘；缘毛在顶角附近黄色，向下逐渐过渡为灰褐色。

【习性】长江流域 1 年 4～5 代，以蛹在土中越冬，次年 4 月出现成虫，成虫白天潜伏于枝叶间或其他暗处，夜出交尾、产卵。卵散产于枝干、分枝及叶背等处。每雌产卵 1000～2000 粒，初孵幼虫吐丝随风飘荡。幼虫不太活跃，拟态性强，在被害植物上形似枝条。5—10 月均可见幼虫为害，10—11 月入土越冬。

【分布】浙江（钱江源国家公园、临安）、陕西、甘肃、安徽、湖北、湖南、江西、福建、中国台湾、广西、四川、云南；印度。

（三十四）尺蛾科
Geometridae

83. 白斑褐尺蛾
Amblychia angeronaria Guenée, 1858

【形态特征】中小型，翅黄褐色至褐色，翅型窄后宽。前翅顶角尖狭。翅面有3条灰黑色横带，中央有1条白色斑点构成的横纹。外观像枯叶，尤其翅面的肌理枯干而薄。

【习性】一年多代，全年可见。

【分布】浙江（钱江源国家公园）、江苏、福建、中国台湾。

（三十四）尺蛾科
Geometridae

84. 黄基粉尺蛾
Pingasa ruginaria (Guenee, 1857)

【形态特征】翅面宽大，近基部灰白色，近外缘淡粉红色或淡褐色分布，前翅内线波状，深褐色；中点灰褐色，细长；外线黑褐色波状；后翅后缘延长；外线同前翅。

【习性】成虫具趋光性。

【分布】浙江（钱江源国家公园）、云南（高黎贡山、勐腊）、海南、广西、中国台湾。

85. 粉红边尺蛾
Leptomiza crenularia (Leech, 1897)

【形态特征】 雄蛾前翅长 19～23mm，雌蛾前翅长 21～24mm。下唇须黄色。额和头顶深灰褐色，略带粉红色。体淡黄色，胸部前端深灰色至深灰褐色；胸腹部侧面和足上有粉红色。两翅外缘均锯齿形；翅面淡黄色至黄色。前翅内线、中线和外线在前缘各留下 1 个小褐斑；前翅基部至内线粉红色，其下方散布团块状橄榄绿色斑；中线处有 2～3 个橄榄绿色斑点。后翅基半部散布暗绿色点；有微小中点；前翅和后翅外线暗绿色，纤细，常部分或全部消失，其外侧除顶角附近外大部粉红色。缘毛深褐色与黄色掺杂。翅腹面颜色斑纹与背面相同，前翅亦有清晰中点。

【习性】 以蛹在土中越冬，卵多产于叶背、枝干及缝隙。初孵幼虫常集结为害，啃食叶肉。

【分布】 浙江（钱江源国家公园）、甘肃、湖北、湖南、四川。

（三十四）尺蛾科
Geometridae

86. 萝藦艳青尺蛾
Agathia carissima Butler, 1878

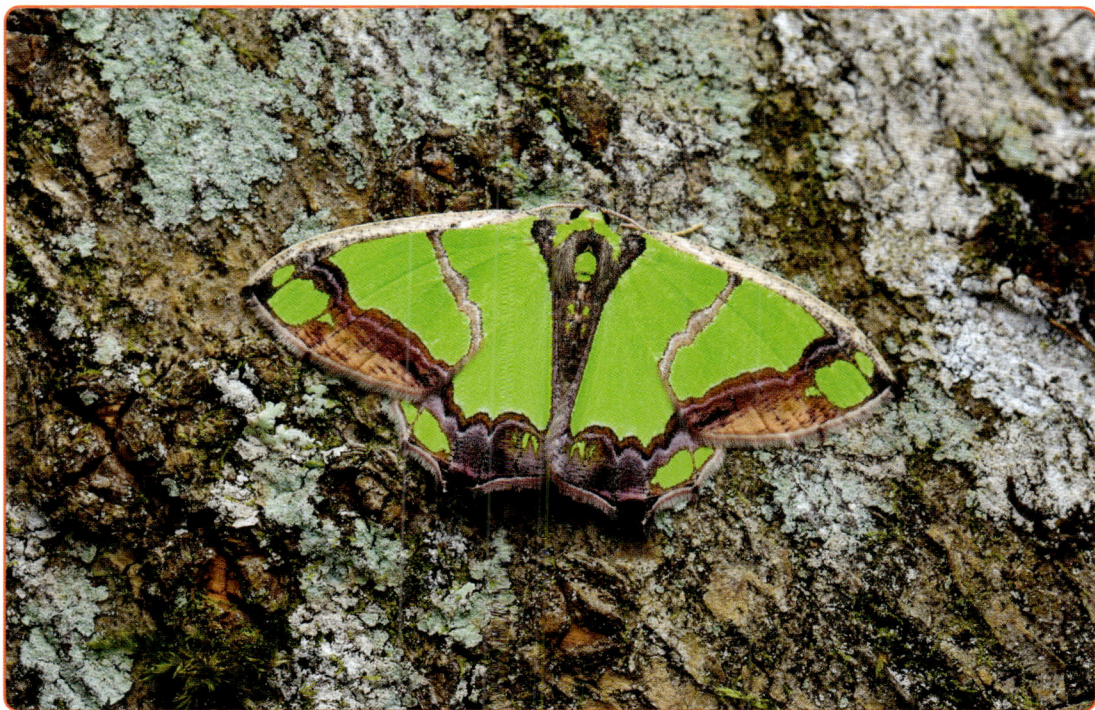

【形态特征】雄蛾前翅长 16～20mm；雌蛾前翅长 17～19mm。翅鲜绿色。后翅外缘在 M_1 和 M_3 脉端有凸齿。前翅前缘黄白色；中带浅褐色，外倾；端带深褐色；顶角处有 1 个绿斑，绿斑下端带浅褐色，在臀角上方有 1 个狭长黑斑。后翅后缘深褐色；端带内缘波曲，中部在翅脉上呈锯齿形，在 M_3 端具黑红斑；顶角下方有 1 个狭长绿斑。

【习性】幼虫能吐丝下垂，随风扩散，或借助胸足和 2 对腹足作弓形运动。老熟幼虫已完全丧失吐丝能力，能沿树干向下爬行，或直接掉落地面。

【分布】浙江（钱江源国家公园）、黑龙江、吉林、辽宁、内蒙古、北京、山西、河南、陕西、甘肃、湖北、湖南、四川、云南；俄罗斯、日本、印度和朝鲜半岛。

87. 东北栎毛虫
Paralebeda femorata (Ménétriés, 1858)

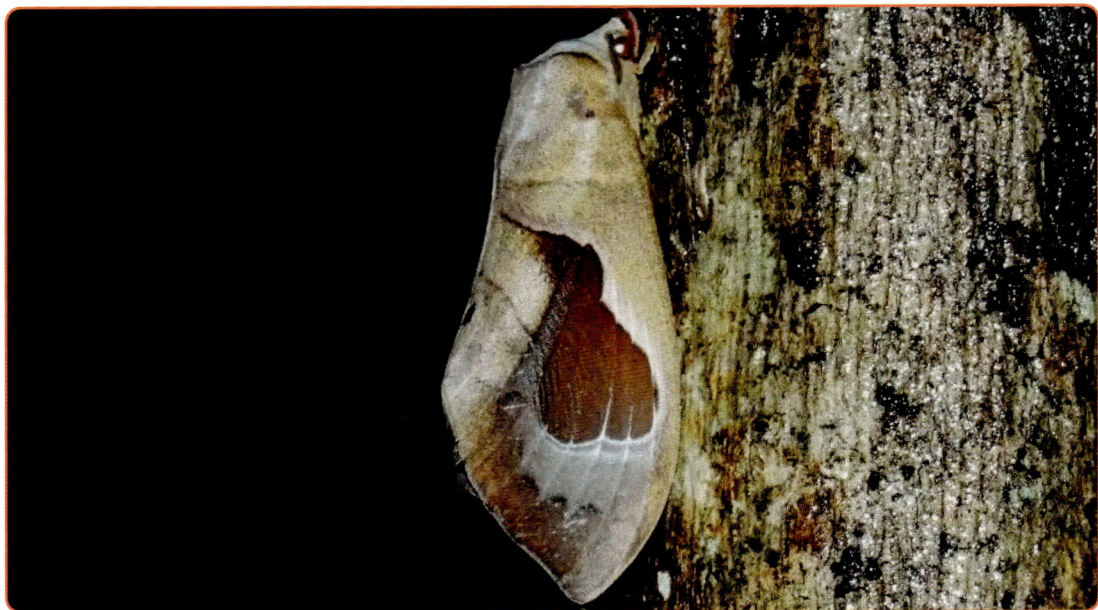

[形态特征] 雄蛾体长27～36mm，雌蛾体长33～48mm。雄蛾翅展58～76mm，雌蛾翅展76～100mm。体浅褐色至深褐色。触角双栉状，褐色。雄蛾下半部羽枝较长；头部前额具褐色长毛。雌蛾头部前额略呈黄褐色。下唇须呈酱紫色。雄蛾前翅较狭长，前缘约在1/4处开始呈弧形弯曲，外缘呈弧状，后缘较直而短；亚外缘斑列呈暗褐色波状纹，末端臀角区具黑褐色椭圆形大斑，内横线深色较直。雌蛾前翅中间斜行腿状横斑较宽大，大斑中部至顶角区具暗褐色、赤褐色、灰褐色斑块。后翅中间呈不甚明显的深色横斑纹，腹部末端肛毛酱紫色。

[习性] 未知。

[分布] 浙江（钱江源国家公园）、黑龙江、辽宁、北京、陕西、甘肃、山东、江西、河南、湖北、湖南、广西、四川、贵州、云南；俄罗斯、朝鲜、蒙古国。

（三十五）枯叶蛾科
Lasiocampidae

88. 思茅松毛虫
Dendrolimus kikuchii Matsumura, 1927

[形态特征] 雄蛾体长22～41mm，翅展53～78mm，棕褐色至深褐色，前翅基至外缘平行排列4条黑褐色波状纹，亚外缘线由8个近圆形的黄色斑组成，中室白斑明显，白斑至基角之间有1个肾形且大而明显黄斑。雌蛾体长25～46mm，翅展68～121mm，体色较雄蛾浅，黄褐色，近翅基处无黄斑，中室白斑明显，4条波状纹也较明显。

[习性] 成虫多在傍晚至上半夜羽化，尤以20至22时羽化最多，约占43%，羽化后当晚即可交配产卵。成虫白天静伏于地物上，夜间活动，以21至23时活动最盛，趋光性强。幼虫一生可食针叶134～192枚，平均食针叶168枚。幼虫期第1代86～102d，第2代198～223d。老熟幼虫多在针叶丛中结茧化蛹，结茧前一日停食不动，结茧需1～2d。预蛹期2～3d，蛹期第1代28～37d，第2代31～43d。

[分布] 浙江（钱江源国家公园）、安徽、江西、福建、湖北、湖南、中国台湾、云南、广东、广西、贵州、四川。

89. 李枯叶蛾
Gastropacha quercifolia Linnaeus, 1758

[形态特征] 全体赤褐色或橙褐色。前翅外缘和后缘略呈锯齿状；前缘色较深；翅上有3条波状黑褐色带蓝色荧光的横线，相当于内线、外线、亚端线；前翅内线、外线黑褐色，呈弧形；亚缘斑列隐现，较细，呈波状纹；中室端有1个近圆形银白色斑点；外缘锯齿形。后翅短宽，外缘呈锯齿状；前缘部分橙黄色；翅上有2条蓝褐色波状横线，翅展时略与前翅外线、亚端线相接；缘毛蓝褐色。体长3~45mm，翅展60~90mm，雄蛾较雌蛾略小，全体赤褐色至茶褐色。头部色略淡，中央有1条黑色纵纹。复眼球形，黑褐色。触角双栉状，带有蓝褐色，雄蛾栉齿较长。下唇须发达前伸，蓝黑色。近中室端有1个黑褐色斑点；缘毛蓝褐色。雄蛾腹部较细瘦。

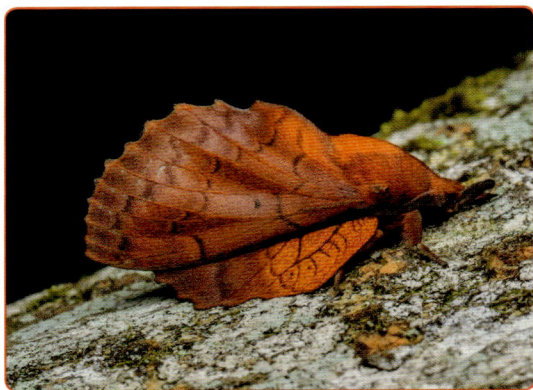

[习性] 东北、华北1年生1代，河南2代，均以低龄幼虫伏在枝上和皮缝中越冬。翌春寄主发芽后出蛰食害嫩芽和叶片，常将叶片吃光至仅残留叶柄；白天静伏枝上，夜晚活动为害；8月中旬—9月发生。成虫昼伏夜出，有趋光性，羽化后不久即可交配、产卵。卵多产于枝条上，常数粒不规则地产在一起，亦有散产者，偶有产在叶上者。幼虫孵化后食叶，发生1代者幼虫达2~3龄（体长20~30mm）便伏于枝上或皮缝中越冬；发生2代者幼虫为害至老熟结茧化蛹，羽化，第2代幼虫达2~3龄便进入越冬状态。幼虫体扁、体色与树皮色相似，故不易发现。

[分布] 浙江（钱江源国家公园）、黑龙江、辽宁、内蒙古、北京、山西、山东、河南、陕西、甘肃、安徽、湖北、江西、湖南、福建、广西、四川、云南；朝鲜、日本和欧洲。

(三十五) 枯叶蛾科
Lasiocampidae

90. 著大枯叶蛾
Lebeda nobilis Walker, 1855

【形态特征】成虫呈枯叶色。前翅中外横线双垂，波状或齿状，亚外缘斑列深色，中室端具小白点。雄蛾触角近乎羽状，雌蛾呈短栉状。阳具尖刀状，表面多有小刺，抱器发达。幼虫具长毛，中、后胸有毒毛。末龄幼虫体长47～100mm。体色有棕红、灰黑、黑褐、烟黑、灰褐等色，花斑明显或不明显，两侧有长毛，全体满布白、黑、棕色长毛或短毛。卵几十粒或几百粒成一堆或排列成行。初产为黄色、淡绿色，渐变粉红色和紫褐色。

【习性】食害松类、柏类、杉类等重要树种。分布越向南方，世代越多。在同一地区，每年发生世代数虽较固定，但每年产生1～2代、2～3代、3～4代的百分比却不尽同。这主要与温度、光照、松树生长状况及受害程度有关。世代分化一般在幼虫由4龄进入5龄时表现出来。不同种类的松毛虫，不论世代多少，生活习性大致近似。

【分布】广泛分布在中国全国各地松林、云杉林、冷杉林等针叶树种；印度、尼泊尔、印度尼西亚。

91. 黄山松毛虫
Dendrolimus marmoratus Tsai et Hou, 1976

【**形态特征**】体棕褐色。中室末端白点明显。中线、外线、亚外缘斑列鲜明，黑褐色。中线、外线间浅棕色。中线内侧、外线外侧、亚外缘斑列内侧伴有白纹。亚外缘斑列有两次外突较大，同时向内凹陷亦较深。后翅褐色，近外缘处较暗，有不明显中线和亚外缘线各1条。

【**习性**】多发生于背风向阳、干燥稀疏的黄山松纯林内。以黄山松为寄主植物。

【**分布**】浙江（钱江源国家公园、临安）、安徽、福建、陕西。

（三十五）枯叶蛾科
Lasiocampidae

92. 栗黄枯叶蛾
Trabala vishnou Lefèbvre, 1827

【形态特征】雌雄异形。雌蛾体橙黄色至黄绿色；头部黄褐色；前翅近三角形；内线、外线黄褐色；亚缘线为8～9个黄褐色斑点组成的波状纹；前翅中室斑纹近肾形，黄褐色；由中室至后缘有1个大型黄褐色斑纹；后翅中线和亚缘线为明显的黄褐色波状纹。雄蛾绿色或黄绿色；前翅内线、中线明显，深绿褐色，内侧嵌有白色条纹；亚外缘线绿褐色，不明显；中室处有1个褐色小斑。

【习性】山西、陕西、河南每年生1代，南方2代，以卵越冬。寄主发芽后孵化，初孵幼虫群集叶背取食叶肉，受惊扰吐丝下垂，2龄后分散取食，幼虫期80～90d。共7龄。7月开始老熟，于枝干上结茧化蛹。蛹期9～20d，7月下旬至8月羽化．成虫昼伏夜出，有趋光性，多于傍晚交配。卵多产在枝条或树干上，常数十粒排成2行，粘有稀疏黑褐色鳞毛，状如毛虫。每雌可产卵200～320粒。2代区，成虫发生于4—5月和6—9月。天敌有多刺孔寄蝇、黑青金小蜂等。

【分布】浙江（钱江源国家公园、杭州、临安、长兴、鄞州、磬安、景宁）、江苏、安徽、福建、江西、湖北、湖南、广西、四川、云南、贵州、西藏；巴基斯坦、斯里兰卡、印度、尼泊尔、泰国、越南、马来西亚。

93. 竹纹枯叶蛾
Euthrix laeta (Walker, 1855)

【形态特征】雄蛾翅展41～53mm，雌蛾翅展61～74mm。体翅橘红色或红褐色。前翅中室末端有1个较大的白斑，其上方有白色小斑，有时两斑纹连在一起，白斑上被有少量赤褐色鳞片；由翅顶角至中室端下方有1条紫褐色斜线，由中室端下方至后缘斜线曲折，颜色较浅，斜线至外缘区粉褐色，布满紫褐色鳞片；亚外缘斑列长椭圆形斜列，有的明显，有的不明显；中室下方至后缘靠基角区鲜黄色；前翅前缘1/3处开始弧形弓出，由外缘至后缘呈圆弧形。后翅前缘区赤褐色，后大半部黄褐色。

【习性】幼虫以芦、竹为食。成虫多在夜间羽化，羽化后先停在蛹壳边上，若干分钟后慢慢展翅飞翔。产卵一般在树枝或树叶上。

【分布】浙江（钱江源国家公园）、黑龙江、河北、山西、江苏；俄罗斯（远东）、朝鲜、日本、印度、斯里兰卡、尼泊尔、越南、泰国、马来西亚、印度尼西亚。

（三十六）箩纹蛾科
Brahmaeidae

94. 青球箩纹蛾
Brahmaea hearseyi White, 1861

【形态特征】翅展 112～115mm。体色青褐色。前翅中带底部球状，上有 3～6 个黑点；中带顶部外侧成内凹弧形，弧外是 1 个圆灰斑，上有 4 条横行白色鱼鳞纹；中带外侧有 6～7 行箩筐纹，排成 5 垄，翅外缘有 7 个青灰色半球形斑，其上方又有 3 粒向日葵籽形斑；中带内侧与翅基间有 6 纵行青黄色条纹。

【习性】陆栖，全变态，食叶害虫。寄主为女贞属植物。

【分布】浙江（钱江源国家公园）、河南、安徽、福建、广东、重庆、四川、贵州；印度、缅甸、印度尼西亚。

95. 黑角六点天蛾
Marumba saishiuana Okamoto, 1924

【形态特征】翅展90～105mm。体躯与前翅主色栗褐色，体躯背方中央具有1条深棕色纵向黑线，头片与肩片各具有暗色斑块。前翅外缘波曲状，翅身具有明显横线纹，中室端部具有1个小白点斑，臀角附近有黑色1个圆斑与1个半圆形斑，亚外缘至外缘深棕色。后翅色调暗于前翅主色，臀角具有2个黑色大圆斑。翅纹路立体感极强，呈现出"卷筒"的模样。

【习性】成虫主要发生于夏秋雨季，偶见，为害枇杷。

【分布】浙江（钱江源国家公园）、中国台湾；韩国、日本、越南、印度、马来西亚、印度尼西亚等国。

（三十七）天蛾科
Sphingidae

96. 豆天蛾
Clanis bilineata tsingtauica Mell, 1922

[形态特征] 成虫：体长 40～60mm，翅展 100～120mm。体和翅黄褐色，头及胸部有较细的暗褐色背线。腹部背面各节后缘有棕黑色横纹。前翅狭长，由前缘至后缘有 6 条褐色的波状横纹，前缘中部有 1 个半圆形浅白斑，翅顶部有 1 个三角形褐色斑块。后翅小，近前缘深褐色，其余部分黄褐色。

[习性] 食叶害虫，寄主是豆类植物。

[分布] 全国广布；韩国、日本、越南、印度、马来西亚、印尼等国。

97. 大背天蛾
Notonagemia analis (R. Felder, 1874)

【形态特征】背部整体灰褐色，肩板外缘有1对黑色斑纹，背线赭褐色。前翅赭褐色，两侧有赭褐色纵带和不连续的白色带。胸部、腹部的腹面呈白色。

【习性】食叶害虫。主要为害檫树，也为害木兰科树木。

【分布】浙江（钱江源国家公园）、江西、福建、广东、海南、四川、云南；印度。

（三十七）天蛾科
Sphingidae

98. 灰斑豆天蛾
Clanis undulosa Moore, 1879

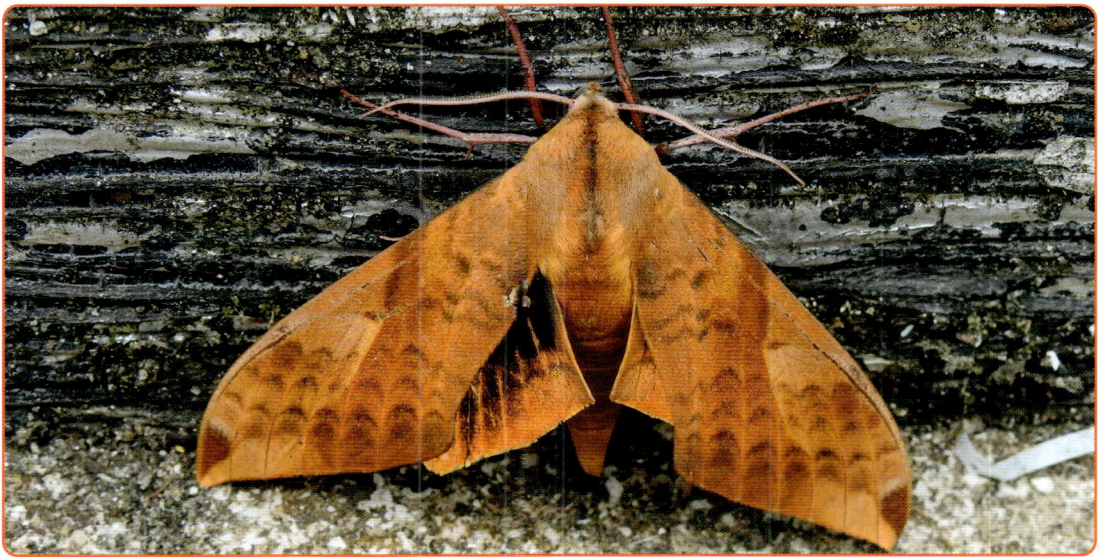

【形态特征】前翅长61mm，体长47mm。头灰褐色，下唇须灰白色，触角灰褐色。胸部灰白色，头顶及前胸背板中央有棕褐色背线。胸足灰褐色，中、后足外侧有银白色纵纹。腹部灰褐色，各节间有褐色横线。前翅灰褐色，内线、中线及外线均为双行波浪形灰褐色纹；顶角稍外凸，内侧有灰褐色长三角形斑，斑的内侧灰白色，中室上方自前缘至M脉有三角形浅斑；后翅灰褐色，前缘枯黄色，后缘灰色，外缘弧形，缘毛金黄色。前翅腹面霉黄色，自翅基至Cu_2脉间有黑色纵纹，顶角内侧有1条褐色斜线伸至M_3脉中部，斜线上方有银白色三角区，后缘内方枯黄色，各脉纹黄褐色，明显可见；后翅腹面橘黄色，外线及中线较直，黄褐色，翅脉褐色，缘毛金黄色。

【习性】幼虫生长迅速，只需5～6周即可从蛹化为成虫。雌虫寿命约为2周，雄虫寿命则稍短。

【分布】浙江（钱江源国家公园）、四川；印度。

（三十七）天蛾科
Sphingidae

99. 葡萄天蛾
Ampelophaga rubiginosa Bremer et Grey, 1853

【形态特征】成虫：体长45mm左右，翅展90mm左右，体肥大呈纺锤形，体翅茶褐色，背面色暗，腹面色淡，近土黄色。体背中央自前胸到腹端有1条灰白色纵线，复眼后至前翅基部有1条灰白色较宽的纵线。复眼球形较大，暗褐色。触角短栉齿状，背侧灰白色。前翅各横线均为暗茶褐色，中横线较宽，内横线次之，外横线较细且呈波纹状，前缘近顶角处有1个暗色三角形斑，斑下接亚外缘线，亚外缘线呈波状，较外横线宽。后翅周缘棕褐色，中间大部分为黑褐色，缘毛色稍红。翅中部和外部各有1条暗茶褐色横线，翅展时前翅、后翅两线相接，外侧略呈波纹状。

【习性】1年1～2代，以蛹在土中越冬，翌年5月中旬羽化；6月上中旬进入羽化盛期。夜间活动，有趋光性。多在傍晚交配，交配后24～36h产卵，多散产于嫩梢或叶背，每雌产卵155～180粒，卵期6～8d。幼虫白天静止，夜晚取食叶片，受触动时从口器中分泌出绿水，幼虫期30～45d。7月中旬开始在葡萄架下入土化蛹，夏蛹具薄网状膜，常与落叶黏附在一起，蛹期15～18d。7月底至8月初可见第1代成虫，8月上旬可见第2代幼虫为害，多与第1代幼虫混在一起，为害较严重时，常把叶片食光；进入9月下旬至10月上旬，幼虫入土化蛹越冬。

【分布】浙江（钱江源国家公园）、辽宁、河北、山东、山西、河南、陕西、湖南、湖北、江苏、江西、广东、广西等地；日本、俄罗斯。

（三十七）天蛾科
Sphingidae

100. 黄山鹰翅天蛾
Ambulyx sericeipennis Butler, 1875

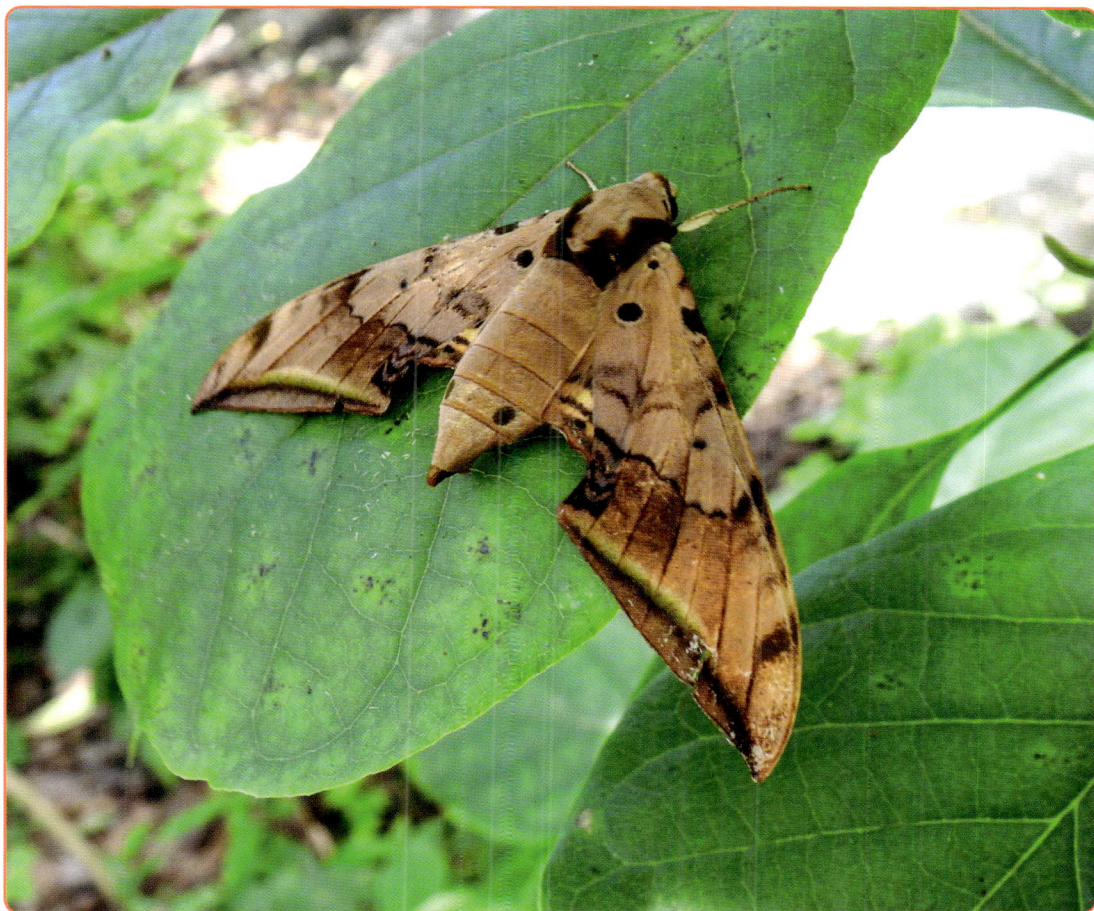

【形态特征】大型，翅展95～115mm，前翅近基部有3枚黑色斑点，近后缘的斑点较小，近前缘的斑点呈长条状，近外缘有1条弧状纹，黑色，上缘有黄褐色分布。

【习性】成虫出现在3—9月。生活在低海拔地区。

【分布】浙江（钱江源国家公园）及华南、华中和华东地区；印度、尼泊尔等亚洲国家。

101. 赭红斜带天蛾
Dahira rubiginosa (Moore, 1888)

【形态特征】翅长34～36mm，体长35～37mm。头赭色，下唇须粗壮，达头顶上方。复眼圆，大而黑。触角背面灰色，腹面黄褐色。胸部背面赭黄色，有紫粉色光泽，腹面橘黄色。胸足橘黄色，胫节外侧有白色纵线。腹部背面赭红色，各节间有黑色横线及白色绒毛。侧板锈红色，腹板杏黄色，各节前缘有褐色小点1对。雄性尾刷毛黑色。前翅狭长，赭红色，有金黄色闪光，基部有灰白色毛，顶角尖，内侧有隐约可见的粉白色月牙形纹，各横线不明显，中室有黑色小点，近外缘各脉黄色，缘毛棕色。后翅橙红色，外缘毛黑色，后缘有粉黄色纵带。前翅腹面赭黄色，内线及中线不见，外线3行，呈波浪纹，外线至外缘间呈棕黑色；后翅腹面橘黄色，基部有1个隐约可见的小黑点，各线可见呈锈黄色波浪纹，外缘棕灰色。

【习性】通常栖息在葡萄园、果园和森林中，喜欢在果实附近活动。

【分布】中国广布；欧洲、非洲、亚洲和北美洲的许多地区。

（三十七）天蛾科
Sphingidae

102. 西藏斜纹天蛾
Theretra tibetiana (Vaglia et Haxaire, 2010)

【形态特征】翅展75～100mm。体色灰褐色。头部两侧与肩片具白色线条。前翅狭长三角形，顶角尖变，有1条黑褐色线纹延伸向内缘近臂角1/3段。后翅短小。

【习性】主要生活在海拔3000米以上的高山森林中。它们通常栖息在树叶上，喜欢在树冠层活动。

【分布】浙江（钱江源国家公园）、西藏、四川、云南、中国台湾；日本、朝鲜及东南亚北部地区。

103. 黑长喙天蛾
Macroglossum pyrrhosticta Butler, 1875

【形态特征】翅长23～25mm。体翅黑褐色。头及胸部有黑色背线。肩板两侧有黑色鳞毛。腹部第1、2节两侧有黄色斑，第4、5节有黑色斑，第5节后缘有白色毛丛，端毛黑色，刷状；腹面灰色至褐色，各纵线灰黑色。前翅各横线呈黑色宽带，近后缘向基部弯曲，外横线呈双线波状，亚外缘线甚细而不明显，外缘线细且黑色，翅顶角至6、7脉间有1条黑色纹。后翅中央有较宽的黄色横带，基部与外缘黑褐色，后缘黄色；翅腹面暗褐色，后部黄色，外缘暗褐色，各横线灰黑色。

【习性】飞翔力强，经常飞翔于花丛间取蜜。具有强烈的光驱性。常活动于黄昏与傍晚。

【分布】浙江（钱江源国家公园）、北京、四川、贵州及东北、华北；日本、印度、越南、马来西亚。

（三十七）天蛾科
Sphingidae

104. 枫天蛾
Cypoides chinensis (Rothschild et Jordan, 1903)

【形态特征】成虫体长 21～24mm，翅展 39～58mm。体棕黄色。前翅赭褐色，顶角突出，内线棕褐色，微呈波状，中线直，为赭色宽带，外线波状赭色，外缘中央有褐色斑块。后翅棕黄色，后缘有灰褐色缘毛。

【习性】成虫出现于 2—10 月，生活在平地至中海拔山区。夜晚具有趋光性，幼虫食草为枫香。

【分布】浙江（钱江源国家公园）、安徽、福建、江西、湖北、湖南、广东、海南、贵州、中国台湾、中国香港。

105. 椴六点天蛾
Marumba dyras (Walker, 1856)

[形态特征] 翅长 45～50mm。体翅灰黄褐色。触角灰黄色，雄性的内下侧有较长纤毛。肩板内侧及胫板后缘呈茶褐色线纹。胸部及腹部背线呈深棕色细线，腹部各节间有棕色环。胸部及腹部的腹面赤褐色。前翅灰黄褐色，各横线深棕色，外缘齿状棕黑色，后角内侧有棕黑色斑，中室端有小白点 1 个，白点上方顺横脉有向前上方伸展的深棕色月牙纹 1 个。后翅茶褐色，前缘稍黄色，后角向内有棕黑色斑 2 个。前翅及后翅腹面赤褐色，前翅中线及外线显著，顶角及后角呈鲜艳的茶褐色。后翅各横线棕黑色，后角黄褐色，缘毛白色。

[习性] 未知。

[分布] 浙江（钱江源国家公园）、辽宁、河北、江苏、江西、湖南、海南、云南；印度、巴基斯坦及东南亚地区。

（三十七）天蛾科
Sphingidae

106. 白肩天蛾
Rhagastis mongoliana (Butler, 1875)

【形态特征】翅长23～30mm。体翅褐色。头部及肩板两侧白色。触角棕黄色。胸部后缘两侧有橙黄色毛丛。下唇须第1节有1坑，为鳞片盖满。前翅中部有不甚明显的茶褐色横带，近外缘呈灰褐色，后缘近基部白色；顶角上缘有一个黑色顶角斑；前翅前缘及后缘肩部具醒目的白色边线，胸背板后方两侧左右各有2个黄褐色斑点。后翅灰褐色，近后角有黄褐色斑。翅腹面茶褐色，有灰色散点及横纹。雄性外生殖器上的钩形突粗指形，背兜宽大，骨化强；颚形突乳突状，中部稍细；囊形突长宽相等，末端弧圆；抱器平板形，中部稍膨大，末端钝圆，基部变窄；抱器基突长靴形，上端钝圆，向内下方一端指形，抱器背部位有皱褶缝。抱器腹突臂状，表面光骨，中部弯曲，前半部较细，末端钝；阳茎端扁宽，末端突出变细，顶端有倒挂式钩向两侧分开，钩的端部有齿。

【习性】1年发生2代。成虫5月及8月间出现，以蛹过冬。

【分布】浙江（钱江源国家公园）、黑龙江、湖南、中国台湾、海南、贵州和华北；蒙古国、朝鲜、俄罗斯、韩国、日本。

107. 缺角天蛾
Acosmeryx castanea Rothschild et Jordan, 1903

【形态特征】翅长35～45mm。身体紫褐色，有金黄色闪光。触角背面污白色，腹面棕赤色。腹部背面棕黑色。前翅各横线呈波状，前缘略中央至后角有较深色斜带，接近外缘时放宽，斜带上方有近三角形的灰棕色斑，亚外缘线淡色，自顶角下方呈弓形，达四脉后通至外缘，外侧成新月形深色斑，顶角有小三角形深色纹。后翅棕黄色，前缘灰褐色，中部有2条深色横带。

【习性】成虫出现于3—10月，生活在平地至中海拔山区。夜晚趋光。

【分布】浙江（钱江源国家公园）、中国台湾；朝鲜、日本。

（三十七）天蛾科
Sphingidae

108. 盾天蛾
Phyllosphingia dissimilis (Bremer, 1861)

【形态特征】成虫翅长55～60mm。外部斑纹与盾天蛾相同，只是全身有紫红色光泽，愈是浅色部位愈明显。前翅及后翅外缘齿较深。后翅腹面有白色中线，明显。

【习性】未知。

【分布】浙江（钱江源国家公园）、黑龙江、北京、山东、甘肃、贵州和华南；日本、韩国、菲律宾。

109. 芝麻鬼脸天蛾
Acherontia styx medusa Moore, 1858

【形态特征】体长约50mm，翅展100～120mm。头胸部褐黑色，胸部有黑色条纹、斑点及黄色斑组成的骷髅状斑纹。腹部背面有蓝色中背线及黑色环状横带，两旁及侧面土黄色，各节后缘黑色；腹面黄色。胸足较短，黑色，各节间具黄色环纹。前翅狭长，棕黑色，翅面混杂有微细白点及黄褐色鳞片，呈现天鹅绒光泽，上具的横线及外横线由数条黑色波状线组成，横脉上具1个黄色斑，近外缘有橙黄色丛条；中室有1个灰白小圆点。后翅杏黄色，有2条粗黑横带。

【习性】1年1～3代，成虫出现于6—7月。

【分布】浙江（钱江源国家公园）、北京、河北、河南、山东、山西、陕西、江西、湖北、广东、广西、云南；韩国、日本、越南、泰国、马来西亚、印度等国。

（三十八）舟蛾科
Notodontidae

110. 钩翅舟蛾
Gangarides dharma Moore, 1866

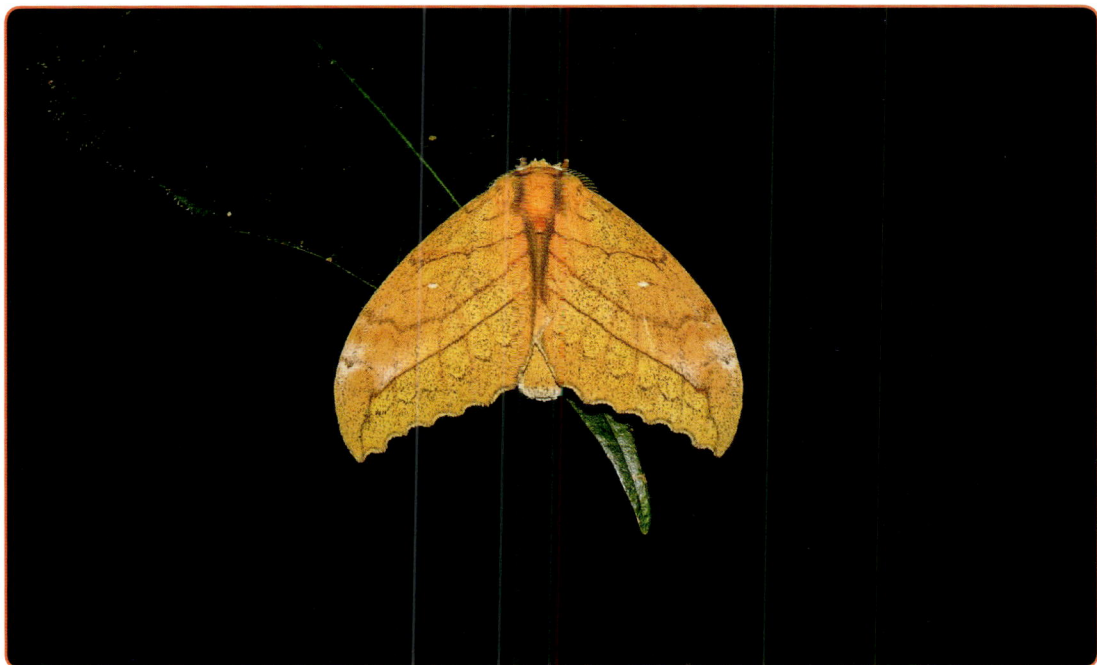

【形态特征】全身橙黄色，翅上有对称白点。外缘常呈波浪状，内缘后中段处有1个明显的白点。顶角有钩状突。

【习性】未知。

【分布】浙江（钱江源国家公园）、北京、辽宁、福建、江西、湖北、湖南、广西、海南、四川、云南、西藏、陕西、甘肃、中国香港；朝鲜、孟加拉国、印度、泰国、越南、缅甸。

111. 绕环夜蛾
Spirama helicina (Hübner, 1831)

【形态特征】翅展62mm。头、胸深棕色。前翅黑棕色，外线外方带黄色，内线、亚端线及端线黑褐色，后半部内侧赭黄色，肾纹为蝌蚪形大斑，后缘线较粗而黑，后端远超出中室，外线双线黑色且强外弯，外一线微锯齿形，亚端线微波浪形，后半双线。后翅内半暗褐色，外半褐黄色，中线、亚端线黑褐色，后者双线，近端外缘有2条黑褐波浪形线；腹部红色，各节有黑条纹，基节背面黑褐色。雌蛾色浅，胸部及前后翅褐白色，后翅中区杂暗褐色，中线内侧衬白色，外侧为白窄带，亚端线双线间白色。

【习性】未知。

【分布】浙江（钱江源国家公园）、江西、四川、云南、中国台湾；俄罗斯、韩国、日本、印度、尼泊尔、泰国等国。

（三十九）夜蛾科
Noctuidae

112. 木叶夜蛾
Xylophylla punctifascia (Leech, 1900)

【形态特征】翅展106mm。头部与胸部褐色。前、中足胫节基部各有1个银白斑，前、中足跗节基部有银白点。前翅灰褐色，部分布有黑色细点，肾纹外黑点致密而粗，中室中部有1个黑色圆点，肾纹由2个银白斑组成。前一斑窄而微钩，后一斑三角形，中线双线褐色，细弱，自前缘脉外斜至中褶，折角内斜，外线褐色，曲度与中线相似，亚端线褐色，微弱，自前缘脉外斜至7脉前，折成一锐角后内斜，线外侧有1列黑褐点，顶角至肾纹有1条褐色内斜线，缘毛褐色。后翅灰褐色，外线由1列黄色圆形斑组成，自7脉至亚中褶，两侧色较黑褐。腹部灰褐色。

【习性】未知。

【分布】浙江(钱江源国家公园)、湖北、四川、云南。

113. 魔目夜蛾
Erebus crepuscularis (Linnaeus, 1758)

[形态特征] 翅展86～90mm。头、胸及前翅褐色。后胸有白毛。前翅内线、中线、外线均黑色，肾纹赭色黑边，后端双齿形外伸，中线外侧衬白，半圆形绕过肾纹，在2脉近基部内突成齿，其后强内斜，外线外侧衬白色，中部锯齿形或外凸，亚端线白色波浪形，外侧有1列黑纹，前端有1个白斑，前后端内侧带黑色。后翅褐色，内线黑色，外侧衬白色，中线白色波浪形，亚端线黑色波浪形，内侧有间断的白色。腹部灰褐色，基节有黑横条。

[习性] 除了冬季外，成虫生活在低、中海拔地区。夜晚具趋光性。

[分布] 浙江（钱江源国家公园）、湖北、湖南、江西、福建、广东、海南、广西、四川、云南；日本、印度、缅甸、新加坡等国。

（三十九）夜蛾科
Noctuidae

114. 胡桃豹夜蛾
Sinna extrema Walker, 1854

【形态特征】前翅 17~18mm。头、胸白色。颈片、翅基片及前、后胸均有黄斑。前翅橘黄色，外线内方有许多大小不一的白斑，形状亦各异；外线为1曲折白带；顶角有1个白色大斑，约呈三角形，其边缘有4个小黑斑；翅外缘后半部有3个黑点。后翅白色带浅褐色。腹部黄白色。

【习性】为害山核桃树叶，在浙江省临安区一年发生4代，10月下旬以蛹在枯枝落叶上做茧越冬。

【分布】浙江、陕西、黑龙江、河南、江苏、湖北、湖南、江西、福建、海南、四川；日本。

115. 蓝条夜蛾
Ischyja manlia (Cramer, 1776)

[形态特征] 前翅长48～50mm。前翅前缘端部外凸，顶角尖，外缘内斜微曲，后缘微曲；后翅外缘微曲。前翅外线以内暗红褐色，外线以外深褐色；环纹黄褐色，圆形；肾纹黄褐色，椭圆形；外线黑色，平直内斜；亚缘线黑褐色，自顶角向内倾斜，在M脉间向外弯折呈三角形，其内侧黄褐色。后翅褐色，外线为1条粉蓝色微曲条带，其外侧深褐色，带有黑褐色横纹。翅腹面灰褐色，前翅外线灰白色，微波浪状，稍外斜；后翅外线灰白色，波浪状。

[习性] 寄主榄仁树属。

[分布] 浙江、山东、陕西、湖南、福建、广东、海南、广西、云南；印度、缅甸、斯里兰卡、菲律宾、印度尼西亚等国。

（三十九）夜蛾科
Noctuidae

116. 枯艳叶夜蛾
Eudocima tyrannus (Guenée, 1852)

【形态特征】体长33～38mm，翅展93～96mm。头部及胸部赭褐色。下唇须端部暗蓝色。前翅赭褐色，翅脉上布有黑色细点，内线黑色内斜，隐约可见，色浅，外线不明显，亚端线微黄，自顶角直线内斜，中段外侧微茸暗绿色。后翅橘黄色，端区有1条黑色宽带，其外缘与缘毛上的黑斑合成锯齿形，2脉至亚中褶有1条黑色曲条。幼虫紫褐色，第2、3节上有眼状纹。

【习性】成虫飞翔力强，白天分散潜伏，晚上取食、交尾、产卵等。成虫以果实汁液为食料，尤喜吸食近成熟和成熟果实的汁液。

【分布】浙江、黑龙江、江苏、广东、广西、云南、中国台湾等地；俄罗斯、印度、日本、菲律宾。

117. 绿孔雀夜蛾
Nacna malachitis (Oberthür, 1880)

【形态特征】前翅长15mm。头、胸及前翅粉绿色。翅基片及后胸褐色。前翅基半部一褐色曲带围成椭圆形大斑；外区有1条褐色斜带；顶角有1个黄白斑达M_1脉，后端有暗影。后翅白色。腹部黄白色。

【分布】浙江（钱江源国家公园）、黑龙江、辽宁、山西、河南、陕西、甘肃、福建、四川、云南、西藏；俄罗斯、日本、印度。

（三十九）夜蛾科
Noctuidae

118. 鸟嘴壶夜蛾
Oraesia excavata (Butler, 1878)

[形态特征] 体长23～26mm，翅展49～51mm。前翅褐色。头和前胸赤橙色，中、后胸赭色。成虫翅紫褐色，具线纹，翅尖钩形，外缘中部圆突，后缘中部呈圆弧形内凹，自翅尖斜向中部有2根并行的深褐色线，肾状纹明显。后翅淡褐色，缘毛淡褐色。卵：球形，0.8mm，初淡黄色，渐变淡褐色，上有红褐色斑纹。

[习性] 在湖北武汉和浙江黄岩1年发生4代，以成虫、幼虫或蛹越冬。越冬代在6月中旬结束，第1代发生于6月上旬至7月，第2代发生于7月上旬至9月下旬，第3代于8月中旬至12月上旬。成虫夜间活动，吸食多种水果的汁液；有趋光性，略有假死性。

[分布] 浙江、河南、陕西、江苏、广东、中国台湾、广西、云南、贵州和华北等地；日本、韩国、泰国等国。

119. 新靛夜蛾
Belciana staudingeri (Leech, 1900)

【形态特征】体长 15mm，翅展 34mm。头部黄绿色，额白色，触角红褐色，下唇须红棕色杂有白鳞。胸部绿色，翅基片端部白色，胸部中央有黄色纵带，两侧白色，后胸具黄毛。足红棕色，后足胫节白色。前翅黄绿色，中央有2条明显的横线，外线自近顶角向翅后缘中部斜伸，近呈直线；线中央黄色，外侧绿色，内侧白色；内线中央黄色，内侧绿色，外侧白色，近呈直线，稍内斜；中室端有绿纹，亚端线弯曲，绿色，缘毛红棕色。后翅白色，基部带黄色；腹部白色，基部及背面中央有黄毛，腹面白色。雄蛾后翅除前缘区外，大部带有浅赭色及淡绿色。

【习性】未知。

【分布】浙江、黑龙江、吉林、辽宁、山西、湖南、四川、西藏；韩国。

（三十九）夜蛾科
Noctuidae

120. 太平粉翠夜蛾
Hylophilodes tsukusensis Nagano, 1918

【形态特征】体长 18mm，翅展 39mm。头部及胸部暗褐色。翅基片及胸部背面有灰绿纹。前翅黑褐色，外线内方大部分灰绿色，基线及内线黑色，波浪形，内区前半部分为 1 个近三角形黑斑，环纹与肾纹灰绿色黑边，肾纹有 1 条黑横线，中线黑色波浪形，外线双线黑色，外一线明显外斜，近达 3 脉端部，内一线锯齿形，亚端线隐约可见黑色，中段带少许灰绿色，翅外缘有 1 列新月形黑纹，1～4 脉闻有灰绿色新月形纹。后翅黑褐色，横脉纹隐约可见黑色，缘毛有 1 列模糊黄白点。腹部暗褐色。

【习性】低、中海拔较常见，数量较多。

【分布】浙江（钱江源国家公园）、湖南；朝鲜。

121. 艳叶夜蛾
Eudocima salaminia (Cramer, 1777)

【形态特征】体长29～34mm。触角丝状。前翅呈铜色，从顶角至基角及臀角各有1条白色阔带，内缘上方有1条酱红色线纹。后翅浓黄色，上有黑色肾形及大的宽黑纹，外缘有6个白斑。

【习性】生活在低、中海拔山区。夜晚具趋光性。

【分布】浙江（钱江源国家公园）、江苏、福建、中国台湾、广东、广西、湖南、湖北、四川、山西、河北、北京、天津、辽宁、吉林、黑龙江、内蒙古等；印度及东南亚地区等地。

（三十九）夜蛾科
Noctuidae

122. 南方镍纹夜蛾
Chrysodeixis eriosoma (Doubleday, 1843)

【形态特征】翅展30～35mm。灰金色。胸背及腹背具毛簇；前翅外缘及后缘色较浅，中线及外线包围深色区域，翅中部具2个相切的水滴形实心银斑。

【习性】主要取食菊科和茄科等植物的叶、花，春末至秋初可见成虫，具趋光性。

【分布】中国南方。

123. 庸肖毛翅夜蛾
Thyas juno (Dalman, 1823)

【形态特征】前翅长41mm。头、胸及前翅黄褐色或灰褐色。前翅布有细黑点，后缘红褐色；亚基线、内线及外线红褐色，内线后半部及外线直内斜；环纹为1个黑点；肾纹灰褐色，中有黑点；1条黑色或黄褐色曲线自顶角至臀角，亚缘区有1个隐约的暗褐纹；翅外缘1列黑点。后翅黑色，端区红色，中部有粉蓝色钩形纹，外缘中段有密集黑点。腹部红色，背面大部分暗灰褐色。

【习性】幼龄幼虫多栖于植物上部，敏感性强，一触即吐丝下垂。老龄幼虫多栖于枝干食叶，成虫趋光性强，吸取果实汁液。幼虫老熟后在土表枯叶中吐丝、结茧、化蛹。6月和8月分别为各代幼虫期。

【分布】浙江（钱江源国家公园）、陕西、甘肃、黑龙江、辽宁、河北、山东、河南、安徽、湖北、江西、湖南、福建、海南、四川、贵州、云南；日本、印度。

（四十）灯蛾科
Arctiidae

124. 大丽灯蛾
Aglaomorpha histrio **Walker, 1855**

[形态特征] 翅展 66～100mm。头、胸、腹橙色。头顶中央有 1 个小黑斑。额、下唇须及触角黑色。颈板橙色，中间有 1 个闪光大黑斑。翅基片闪光，黑色。胸部有闪光的黑色纵斑。腹部背面具黑色横带，第 1 节的黑斑成三角形，末 2 节方形，侧面及腹面各具 1 列黑斑。前翅闪光且黑色，前缘区从基部至外线处有 4 个黄白斑；1 脉上方有 6 个大小不等的黄白斑，中室末有 1 个橙色斑点，中室外至 2 脉末端上方有 3 个斜置的黄白色大斑。后翅橙色，中室中部下方至后缘有 1 条黑带，横脉纹为大黑斑，其下方有 2 个黑斑位于 2 脉及 1 脉上，外缘翅顶至 2 脉处黑色，其内缘成齿状。在亚中褶外缘处有 1 个黑斑。

[习性] 除了冬季外，成虫生活在低、中海拔山区。白天喜访花，夜晚具趋光性。

[分布] 浙江（钱江源国家公园）、江苏、湖北、江西、湖南、福建、中国台湾、四川、云南等地；韩国、日本。

125. 豪虎蛾
Scrobigera amatrix (Westwood, 1848)

【形态特征】体长24mm左右，翅展73mm左右。全体黑色。下唇须第1、2节及额两侧黄色。颈板有灰白色圈。前、中足腿节有黄毛。前翅黑色微闪蓝色，环纹及肾纹只现蓝条，中室中部有1个方形黄斑，2、3脉基部之间有1个扁黄斑，其后有1个扁圆黄斑，4～8脉间有4个扁黄斑，位于外区，前2个斑稍小，顶角外缘毛白色。后翅中部有1个大橘黄斑，其余部分黑色，顶角外缘毛白色。雄蛾下唇须、额及颈板橘黄色，有少许黑毛；腹部橘黄色，背面基部黑色，各节间有黑横线。

【习性】乌蔹莓的重要食叶害虫，还为害葡萄。1年1代，以蛹在寄主根际附近表土层的蛹室内越冬。

【分布】浙江（钱江源国家公园）、湖南、四川；印度。

（四十二）木蠹蛾科

Cossidae

126. 白背斑蠹蛾
Xyleutes persona (Le Guillou, 1841)

[形态特征] 成虫体中型至大型，褐色与白色相间，以白色为主。翅面常有黑色夹杂着白色的斑纹。触角一般为双栉状，有的为单栉状或线状，有的基部为双栉状而末端为线状。喙无或退化。无下颚须。

[习性] 幼虫一般在林木、果树枝干中蛀食为害，少数在根内为害，以丝和木屑结茧化蛹。一般2～3年完成1代。

[分布] 浙江（钱江源国家公园）、云南；印度及东南亚地区等地。

127. 褐边绿刺蛾
Parasa consocia Walker, 1863

【形态特征】翅展 28～40mm。头、胸、背面绿色，胸部中央具黄褐色斑点，或呈纵条，腹部淡黄色。前翅绿色，翅基具褐色或黄褐色斑，翅外缘具浅黄色宽带，带内翅脉及内缘褐色。后翅淡黄色，外缘稍带褐色。

【习性】1年1代，以老熟幼虫结茧在土中越冬。幼虫取食苹果、梨、杏、桃、海棠、樱桃、栗、枣、核桃、臭椿、白桦、栎等植物。成虫具趋光性。

【分布】国内广泛分布（内蒙古、宁夏、甘肃、青海、新疆和西藏除外）。

（四十四）凤蛾科
Epicopeiidae

128. 浅翅凤蛾
Epicopeia hainesii Holland, 1889

【形态特征】头：褐色至黑褐色，依不同个体而有差异。胸：褐色至黑褐色。翅：前翅、后翅从褐色至灰白色皆有，会因为个体而有所差异，翅脉黑色，后翅有尾状突出，沿着后翅的后边缘有4块红色斑点排列成1列。足：褐色至黑褐色。腹：褐色至黑褐色，有红色的色环。翅展雄59～61mm，雌58～67mm。体烟褐色，翅脉烟黑色，后翅尾带及外缘烟黑色，尾带内侧有4个红点，尾带上方有1个不显著的红点，腹部背面烟黑色，侧面有红斑。

【习性】寄主植物：幼虫以山茱萸科的灯台树、山茱萸的叶片为食。生活史：成虫出现于4—8月。

【分布】浙江、四川、湖北、福建、广西、中国台湾等地；日本。

129. 榆凤蛾
Epicopeia mencia Moore, 1874

【形态特征】成虫形态似凤蝶，体长20mm左右，翅展80～90mm。体翅为灰黑色或黑褐色。触角栉齿状，雄虫触角栉齿状比雌虫发达。腹部各节后缘为红色。前翅外缘为黑色宽带，后翅有1个尾状突起。外缘有2列不规则的斑，斑为红色或灰白色，新月形或圆形。翅基片黑色，各有1个红色斑点。体节间显红色或黄色。卵：黄色圆球形，有光泽。蛹：黑褐色，外被椭圆形土茧。

【习性】幼虫蚕食榆树叶片，该虫1年发生1代，以蛹在土中越冬。次年6月下旬成虫羽化，羽化后2d产卵，卵期8～10d。7月中旬至8月下旬是幼虫为害期。9月入土化蛹。

【分布】浙江（钱江源国家公园、杭州）、辽宁（沈阳、丹东）、北京、山东（济南、青岛）、江苏（南京）、河南、河北、湖北（武汉）、贵州（贵阳）和中国台湾等地；越南、俄罗斯、日本。

（四十五）凤蝶科
Papilionidae

130. 黎氏青凤蝶
Graphium leechi (Rothschild, 1895)

【形态特征】雄中型种，身体背面黑色，侧面及腹面被白色长毛。前翅呈狭长三角形，底色黑色，中室内具5个长短、大小不一的半透明青绿色斑，中室下方具1个半透明青绿色点，中域具1列由大小不一的青绿色半透明斑组成的中带，组成中带的各斑都较狭长；亚外缘区具1列小点，中带与小点列均从前缘延伸到内缘。后翅底色黑色，外缘波浪形，前缘斑青绿色，基部1/4具1个黑斑；中室内具1个半透明青绿色条斑；中室上下方各具1个青绿色条斑；亚外缘具1列青绿色半透明斑，从顶角延伸到臀角；内缘具长褶，内有发香软毛。腹面前翅底色黑褐色，斑纹为绿白色；后翅前缘具1个橙色斑，位于绿白色斑之间；中域斑下半部分外围具橙斑；其余同背面。雌斑纹同雄性，后翅内褶无发香软毛，斑纹颜色稍淡。

【习性】飞行迅速，访花，多见水边，3—10月发生。

【分布】浙江（钱江源国家公园）、湖北、湖南、江西、福建、广东、广西、海南、四川、云南、贵州、西藏、陕西、中国香港、中国澳门、中国台湾；日本、尼泊尔、印度、不丹、缅甸、泰国、老挝、越南、马来西亚、印度尼西亚、菲律宾、澳大利亚。

131. 穹翠凤蝶
Papilio dialis (Leech, 1893)

【形态特征】雄：大型种，雌雄同型；头黑色，密布翠绿色鳞片；触角黑色，约等于前翅长的一半；胸部及腹部全黑色，上密布翠绿色鳞片；前翅长，密布翠绿色鳞片，顶角突出，脉纹附近为黑褐色，在 M_3、Cu_1、Cu_2 与 2A 脉上有天鹅绒般的性标；后翅宽阔，外缘波浪形，底色黑，密布翠绿色鳞片；亚外缘区具6个不明显新月形蓝色及粉红色斑；各翅室末端在外缘镶有白边，臀角具1个环形红斑；具1条尾突，上布满翠绿色鳞；腹面前翅底色黑，翅脉两侧灰白色；后翅底色黑，基半部散布白色鳞片，亚外缘区有1列飞鸟形与环形的红斑。雌：斑纹同雄性，翅更宽阔。

【习性】幼虫喜食芸香科植物。

【分布】浙江（钱江源国家公园）、河南、四川、贵州、云南、海南、广东、广西、江西、福建、中国台湾；印度、缅甸、泰国、老挝、柬埔寨、越南。

（四十五）凤蝶科
Papilionidae

132. 巴黎翠凤蝶
Papilio paris Linnaeus, 1758

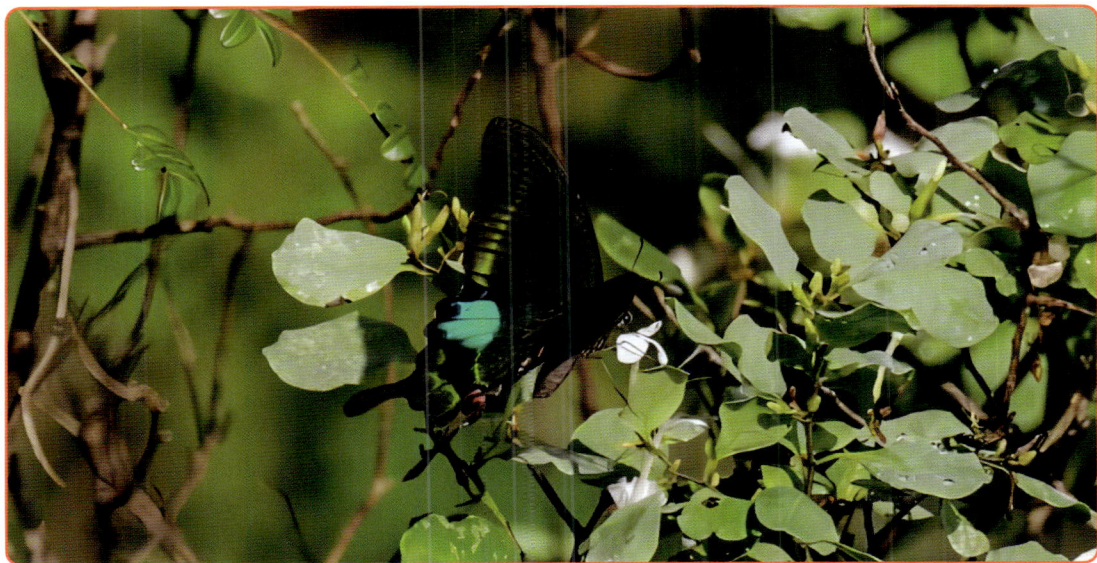

【形态特征】中型种，雌雄同型。雄：头黑色，密布翠绿色鳞片；触角黑色，约等于前翅长一半；胸部及腹部全黑色，上密布翠绿色鳞片；前翅短阔，密布翠绿色鳞片，在外中区具1条翠绿色带，此带由后缘向前缘逐渐变浅，未及前缘即消失，被翅脉分割；后翅宽阔，外缘波浪形，底色黑，密布翠绿色鳞片，近顶角处有1个翠蓝色斑，斑的外缘波浪形，斑的下角有1条淡绿色带子与臀角斑相连，臀角具1个环形红斑，具1条末端膨大的尾突，上密布翠绿色鳞，腹面前翅底色黑，中室外侧具1条宽白带，被各翅脉分割，从臀角延伸到前缘，越靠近前缘越宽；后翅底色黑，基半部散布白色鳞片，亚外缘区有1列飞鸟形与环形的红斑，红斑内侧镶有白边。雌：斑纹同雄性，翅更宽阔。

【习性】访花，常见于水边。

【分布】浙江（钱江源国家公园）、河南、四川、贵州、云南、陕西、海南、广东、广西、福建、中国香港、中国澳门、中国台湾；印度、缅甸、泰国、老挝、越南、马来西亚、印度尼西亚。

133. 金凤蝶
Papilio machaon Linnaeus, 1758

形态特征 中型种，雌雄同型。雄：头黑色；触角黑色，约等于前翅长一半；胸部背面具黄色长毛；腹部背面黑色，侧面及腹面黄色；前翅底色黑色，斑纹黄色，中室基部具黄色鳞片，中室近端部具2个横斑，中域具1列纵向子弹型黄斑，从R_4室延伸到Cu_2室，从上至下逐渐增大，亚外缘具1列块状黄斑；后翅正面基半部黄色，中室端黑色，亚外缘区具1列蓝点及1列黄斑，均从顶角延伸至臀角，外缘区具1列黄色月牙形斑，臀角具1个橙色斑，具1长尾突；腹面类似背面。雌：斑纹同雄性，唯翅更宽阔。

习性 访花。5—9月发生。

分布 浙江（钱江源国家公园、百山祖）及中国各地；欧亚大陆、非洲北部、北美洲。

（四十五）凤蝶科
Papilionidae

134. 蓝凤蝶
Papilio protenor Cramer, 1775

[形态特征] 大型种。雄：头黑色；触角黑色，约等于前翅长一半；胸部及腹部全黑色；前翅宽阔，顶角突出，基部黑色，脉纹两侧为灰白色；后翅宽阔，外缘波浪形，底色黑，基半部色深，$Sc+R_1$ 室具 1 个白色月牙形斑，端半部散布大量蓝色鳞，臀角具 1 个橙色半环状斑；反面前翅底色灰白色，翅室中央具黑条，翅脉黑色；后翅底色黑，翅脉淡色，顶角区具 2 个橙红色新月形斑，臀角具橙红色环状斑，Cu_2 室具 1 个橙红色新月形斑。雌：斑纹同雄性，翅更宽阔，颜色浅，后翅背面 $Sc+R_1$ 室不具白色月牙形斑。

[习性] 访花，吸水。4—10 月发生。

[分布] 浙江（钱江源国家公园）、山东、河南、陕西、长江以南各地；印度、缅甸、泰国、老挝、越南、柬埔寨、韩国、日本。

135. 小黑斑凤蝶
Chilasa epycides (Hewitson, 1862)

【形态特征】小型种，雌雄同型。雄：头黑色；触角黑色，短于前翅长一半；头胸连接处具白点；胸部黑色，侧面具白斑；背面具2排白斑，腹部底色黑色，背面、侧面及腹面均具白斑；前翅短而宽，三角形，顶角圆，底色黑色，中室内具灰白色斑纹，几乎占满中室，灰白色斑纹中央具3条放射纹，上方的两条共柄，R_3室往下各翅室内具灰白色长条斑，几乎占满各翅室，M_1室往下各翅室的灰白色斑在亚外缘位置均断开；后翅底色黑色，S_c+R_1室具灰白色条斑，中室被灰白色鳞占据，中间具3黑色纵条，上方的两条共柄，中室外侧有1圈灰白色斑围绕，亚外缘及外缘均有1列灰白色斑从S_c+R_1室延伸到臀角，臀角具1个黄点；腹面与背面类似。雌：头、胸及腹部背面同雄性，翅较雄性更宽大，翅面色彩及斑纹同雄性。

【习性】早春发现，访花。1年1代，3—4月发生。

【分布】浙江（钱江源国家公园）、福建、中国台湾及中国西部及西南部；尼泊尔、印度、缅甸、泰国、越南。

（四十五）凤蝶科
Papilionidae

136. 丝带凤蝶
Sericinus montelus Gray, 1852

[形态特征] 中型种，雌雄异型。雄：头黑色；触角黑色，远短于前翅长一半；头胸连接处具红色鳞毛；胸部黑色，侧面在翅基部具白斑；腹部背面底色黑色，侧面及腹面黄白相间，各具1列黑斑；前翅宽阔，三角形，底色黄白色，中室内及中室端具黑斑，外中带为4个断开的黑点，靠近内缘的黑点最大，外缘从顶角到M₃脉具1条黑带；背面底色黄白色，具1条中部断开的中带，中带下半部分与臀角黑斑连接，臀角黑斑中部还具有红斑，红斑下方具蓝斑；腹面类似背面。雌：底色黑色，中室内具4条黄条，中室端具黄色条状中室端斑；外中带在中室下角位置向基部弯曲；中室下方另外具2条黄条；亚外缘线为1列断开的黄斑；后翅底色黑色，中带黄色，从前缘延伸到中室后缘；外中带黄色，围绕着中室；亚外缘具1列红斑；红斑外方具1列蓝斑；尾突长，末端白色；腹面类似背面。

[习性] 幼虫主要寄主为马兜铃科植物。多活动于山区。3—10月发生。

[分布] 浙江（钱江源国家公园）及东北、华北、华中、华东；俄罗斯、朝鲜、韩国。

137. 圆翅钩粉蝶
Gonepteryx amintha Blanchard, 1871

[形态特征] 触角黑褐色，雌雄同型。雄：前翅短阔，顶角向外缘方向明显尖出；背面底色深柠檬黄色；顶角下方外缘具短黑边；中室下角具1明显橙色端斑；后翅近圆形，背面底色深黄色，淡于前翅；中室端具1个大橙色端斑；外缘在 Cu_1 脉处微微尖出；腹面底色绿白色，R_s 脉膨胀，端斑褐色，其余斑纹同背面。雌：底色绿白色，前翅较雄蝶窄，其余同雄蝶。

[习性] 访花，吸水。3—11月发生。

[分布] 浙江（钱江源国家公园）、河南、福建、湖北、广西、四川、贵州、云南、西藏、陕西、甘肃、中国台湾；印度、缅甸、老挝、越南。

（四十六）粉蝶科
Pieridae

138. 华东黑纹粉蝶
Pieris latouchei Mell, 1939

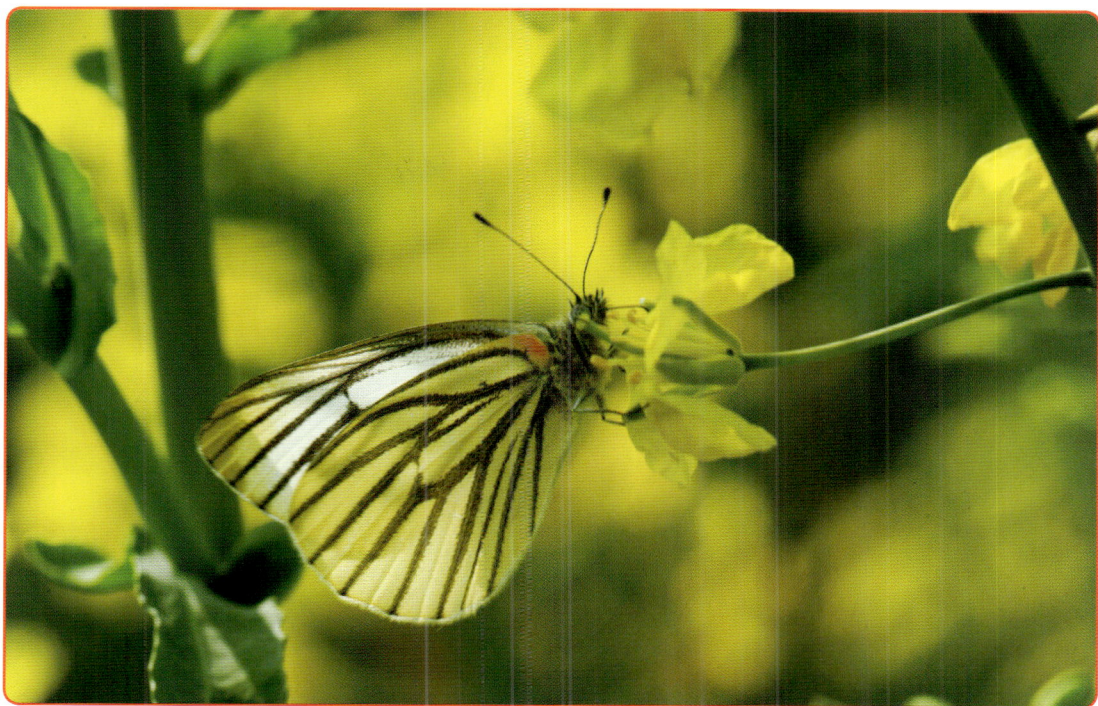

【形态特征】 雌雄异型。雄：变异较大，前翅背面底色白色，顶角黑色，靠近顶角的前缘及后缘部分黑色；M_3室具1个黑斑，此黑斑从完全消失到非常明显的个体皆有；后翅背面底色白色，顶角具1个黑斑；腹面前翅底色白色，顶角及靠近顶角的前缘及后缘部分黄色或为底色，翅脉被黑鳞。加粗或不被加粗，其余斑纹同背面；后翅底色白色至黄色，翅脉被黑鳞加粗或不被加粗。雌：中室翅脉黑色，内缘黑色，在Cu_2室向上延伸为1个黑斑；后翅顶角黑斑发达，背面翅脉被黑鳞加粗，腹面同雄性。

【习性】 访花，多见于林间及开阔地。3—10月发生。

【分布】 浙江（钱江源国家公园）、山东、江苏、江西、福建、广东、广西。

139. 菜粉蝶
Pieris rapae (Linnaeus, 1758)

【形态特征】雌雄异型。雄：变异较大，前翅背面底色白色，顶角有1枚三角形大黑斑，M_3室和Cu_2室各具1个黑斑，后者常退化或消失；后翅背面底色白色，Rs末端具1个黑斑；腹面前翅底色白色，顶角及靠近顶角的前缘及后缘部分黄色，其余斑纹同正面；后翅底色白色或黄白色，翅面覆盖有黑鳞。雌：翅型圆，翅基部具大量黑鳞，Cu_2室具1个黑斑；其余同雄性。

【习性】访花。2—11月发生。

【分布】浙江（钱江源国家公园等）及全国各地；西欧、北非到西伯利亚、北美洲。

Pieridae

140. 东方菜粉蝶
Pieris canidia (Sparrman, 1768)

【形态特征】雌雄异型。雄：变异较大，前翅背面底色白色，顶角黑色，靠近顶角的前缘及后缘部分黑色；M_3室和Cu_2室各具1个黑斑，后翅背面底色白色，顶角具1个黑斑，外缘具4个黑斑；腹面前翅底色白色，顶角及靠近顶角的前缘及后缘部分黄色或为底色，其余斑纹同背面；后翅底色白色或黄白色，翅面覆盖有黑鳞。雌：翅型圆，Cu_2室具1个黑斑；其余同雄性。

【习性】访花。2—11月发生。

【分布】浙江（钱江源国家公园等）及全国各地；土耳其、印度半岛、中南半岛至韩国。

141. 北黄粉蝶
Eurema mandarina (de l'Orza, 1869)

[形态特征] 雌雄同型。雄：前翅短阔，顶角圆形；背面底色黄色；前缘黑色明显，顶角下方外缘宽黑带延伸到臀角；黑带内侧在 M_3 脉及 Cu_1 脉处呈指状凹入；中室下脉两侧具长形性标，外缘缘毛纯黄色；后翅近圆形，底色黄色；外缘黑带窄而模糊；腹面底色黄色，密布褐色小点，前翅中室内具2个黑纹，中室端具1个黑色肾形纹，后翅腹面有分散小点，中室端具1个肾形纹。雌：颜色稍淡，其余同雄蝶。低温型个体翅背面无外缘黑斑。

[习性] 幼虫主要寄主为合欢、槐等，3—11月发生。

[分布] 浙江（钱江源国家公园）、中国台湾、广东；日本。

（四十六）粉蝶科
Pieridae

142. 橙翅襟粉蝶
Anthocharis bambusarum Oberthür, 1876

【形态特征】雌雄异型。雄：前翅短阔，顶角圆滑；背面底色白色；翅基部具黑色鳞片；亚基部黄白色，其余部分橘红色；中室端具1个黑色端斑；顶角具黑色带，后翅近圆形，底色白色，基部具黑色鳞片，沿着外缘具黑色云雾状纹；腹面前翅底色橘红色，中室端具1个黑色端斑，顶角处前缘和外缘具绿色云状纹；后翅基部2/3具不规则绿色云状纹，端半部斑纹云雾状，黄褐色。雌：前翅背面橘红色区域也为白色，其余同雄蝶。

【习性】早春发生，访花。3—5月发生。

【分布】浙江（钱江源国家公园等）、河南、陕西、青海、江苏、四川；东亚地区。

143. 虎斑蝶
Danaus genutia (Cramer, 1779)

[形态特征] 中型蝴蝶，雌雄同型。雄：前翅顶角圆阔，底色黑色，翅脉周围具黑鳞，亚顶角区具5块大小不一的白斑，中室大部分橙红色，末端黑色，中室外侧具4个小白点，前缘具1个小白点，M_3到Cu_2室都具红色条纹，外缘在亚顶角斑下方具数个小白点，内缘大部分黑色，基部橙红色；后翅底色黑色，翅脉周围具黑鳞，中室及环绕中室的各翅室均具橙红色条，外缘具2列小白点，在Cu_2脉上具袋状香鳞区；腹面斑纹同背面，颜色稍淡。雌：后翅无香鳞区，其余同雄性。

[习性] 南方常见，喜访花。8—11月发生。

[分布] 浙江（钱江源国家公园）、河南、湖北、湖南、福建、江西、广东、广西、海南、四川、重庆、贵州、云南、西藏、中国香港、中国台湾；越南、老挝、柬埔寨、缅甸、马来西亚、印度尼西亚、澳大利亚、菲律宾、尼泊尔、印度。

（四十七）斑蝶科
Danaidae

144. 大绢斑蝶
Parantica sita (Kollar, 1844)

【形态特征】中型蝴蝶，雌雄同型。雄：前翅顶角圆阔，底色黑色，斑纹半透明，中室具1条青白色条，中室外侧具3条长青白条，前缘具3条小青白色条，M_3 与 Cu_1 室的青白色斑中间被黑条隔开，Cu_2 室青白色条宽而完整，亚外缘与外缘各具1列青白色点，亚外缘的点是外缘的2倍大；后翅底色暗红色，中室内及围绕中室的各翅室基部具青白色条斑，亚外缘具3个青白色小点，在 Cu_2 脉到 3A 脉之间臀角附近具黑色性标区；腹面与背面大致相同，后翅外缘区具额外的2列青白色小斑。雌：后翅无香鳞区，其余同雄性。

【习性】幼虫以夹竹桃科植物为食。成虫飞行能力极强，在东南亚、中国南部、中国台湾北部、琉球群岛及日本之间会进行长途迁徙。7—8月发生。

【分布】浙江（钱江源国家公园）、辽宁、河北、河南、湖北、湖南、福建、江西、广东、广西、海南、四川、重庆、贵州、云南、陕西、西藏、中国香港、中国台湾；越南、老挝、柬埔寨、缅甸、尼泊尔、印度。

145. 箭环蝶
Stichophthalma howqua Westwood, 1851

【形态特征】中型种类，雌雄同型。雄：背面前翅翅型圆，底色基半部黄褐色，外半部浅黄色，顶角黑色，外缘具1列箭头纹，后翅底色黄褐色，外缘具1列箭头纹；腹面前翅具亚基线，从前缘延伸到中室下缘，中室端具1条弯曲短黑条，中线黑色，"S"形弯曲，亚外缘具1列不明显眼斑，以及1条不明显黑色波浪纹，后翅亚基线与中线明显，中间区域颜色较深，中线外侧具1列眼斑，Cu_1室的眼斑大而明显，其余眼斑不明显，眼斑外侧具1列不明显黑色波浪纹，波浪纹外侧具1条不明显黑带。雌：斑纹同雄性，体形更大。

【习性】多于丘陵地带林区活动，常见于清晨与傍晚时分。喜食粪汁与腐烂果汁。蛹为悬蛹。6—9月发生。

【分布】浙江（钱江源国家公园）、安徽、江西、湖南、海南、中国台湾；越南。

146. 黛眼蝶
Lethe dura (Marshall, 1882)

【形态特征】雌雄异型。雄：背面前翅底色黑色，亚顶角区在前缘具2个浅色斑，后翅底色基半部黑色，端半部浅褐色，外缘微波浪形，在 M_3 脉具明显尾状突起；腹面前翅底色褐色，中室内具1个紫白色横斑，外中线外侧靠近前缘位置具紫白色斑，亚顶角区具3个紧靠的紫白色斑，亚顶角区斑下方具2个眼斑，后翅底色同前翅，亚基线白色，不规则波浪形，中线波浪形，黑色，外中线粗，黑色，在 M_2 室向外突出，外中线内侧及中线外侧镶有紫色边，亚外缘具1列眼斑。雌：翅面背面、腹面底色淡于雄性，前翅背面中室端外侧在前缘附近具白斑，后翅大部红棕色，腹面底色黄褐色，后翅紫色镶边不明显，其余同雄性。

【习性】飞行灵活，多于林缘活动。5—9月发生。

【分布】浙江（钱江源国家公园）、福建、湖北、湖南、广东、四川、重庆、贵州、陕西、甘肃；越南、老挝、泰国、缅甸、不丹、印度、尼泊尔。

147. 直带黛眼蝶
Lethe lanaris Butler, 1877

【形态特征】雌雄异型。雄：背面前翅底色黑褐色，中室外侧到顶角颜色较淡，亚外缘从 M_1 室到 Cu_1 室各具1不明显眼斑，后翅底色同前翅，外缘轻微波浪形，外缘区具1列不明显眼斑；腹面前翅底色褐色，中室内及中室端各具1不明显深褐色纹，中室外侧到顶角底色浅褐色，亚外缘区具1列眼斑，从 R_5 室延伸到 Cu_1 室，后翅底色同前翅，亚基线直，深褐色，外中线深褐色，波浪形，在 M_2 室外弯，中室端具1深褐色短纹，亚基线与外中线之间的区域颜色较浅，亚外缘具1列眼斑，前缘一个最大。雌：翅面背面和腹面底色淡于雄性，呈黄褐色；前翅背面和腹面具白色斜带从前缘延伸到臀角，后翅眼斑更明显；其余同雄性。

【习性】飞行灵活，多于竹林或较阴暗林间活动。6—8月发生。

【分布】浙江（钱江源国家公园）、河南、湖北、湖南、江西、江苏、福建、广东、广西、四川、云南、陕西；越南。

（四十九）眼蝶科
Satyridae

148. 深山黛眼蝶
Lethe hyrania (Kollar, 1844)

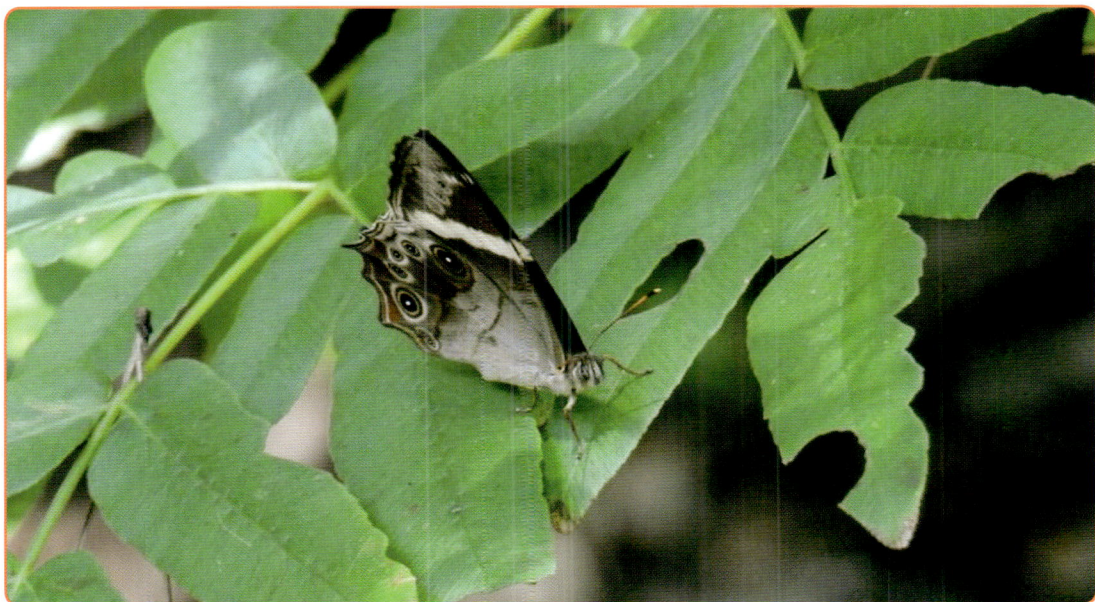

[形态特征] 雌雄同型；雄：背面前翅底色褐色，中室端外侧具倾斜的白带从前缘延伸到臀角，亚顶角区具1个白斑，白斑下方在外缘具1个白色条，后翅底色褐色，外缘波浪形，在 M_3 脉具1个明显突起，外缘区具1列不明显眼斑；腹面前翅底色黑褐色，亚基线直线形，紫白色，外中带直线形，白色，亚顶角区白斑下方在 M_1～M_3 室具3个不明显的眼斑，后翅底色同前翅，中区具1淡色区域，外中线在 M_2 室外凸，亚外缘具1列眼斑，顶角的眼斑最大。雌：前翅背面底色淡于雄性，翅型圆；其余同雄性。

[习性] 多于林间活动。5—10月发生。

[分布] 浙江（钱江源国家公园）、江西、福建、广西、广东、海南、重庆、贵州、云南、中国台湾；越南、老挝、柬埔寨、马来西亚、菲律宾、印度尼西亚、缅甸、泰国、印度、尼泊尔、巴基斯坦。

149. 矍眼蝶
Ypthima baldus (Fabricius, 1775)

【形态特征】雌雄同型。个体较小，内外2条中带大致走向平行，较底色深，模糊但能辨。前翅背面和腹面亚外缘线发达，眼斑周围淡色区域明显。

【习性】幼虫寄主主要为禾本科植物。4—9月发生。

【分布】浙江（钱江源国家公园）及华东、中南、华南；缅甸、印度及东南亚地区。

（四十九）眼蝶科
Satyridae

150. 中华矍眼蝶
Ypthima chinensis Leech, 1892

[形态特征] 雌雄同型。雄：背面前翅底色黑褐色，端半部颜色较淡，亚顶角区具1个带双瞳点的眼斑，周围具黄环，眼斑周围及下方到臀角具大片浅色区域，后翅底色同前翅，外缘圆滑，亚外缘具2个发达的眼斑，Cu_1室的眼斑大而明显，臀角的眼斑较小；腹面前翅密布均匀的细波浪纹，底色灰白色，眼斑周围的黄环比正面明显，后翅特征同前翅，亚外缘具3个眼斑，顶角的眼斑最大。雌：翅型圆，颜色淡，无性标；其余同雄性。

[习性] 常活动于林地边缘以及林间阴处。4—6月发生。

[分布] 浙江（钱江源国家公园、丽水、遂昌、龙泉、庆元、泰顺、临安）、江西、广东、四川、重庆。

151. 布莱荫眼蝶
Neope bremeri (Felder, 1862)

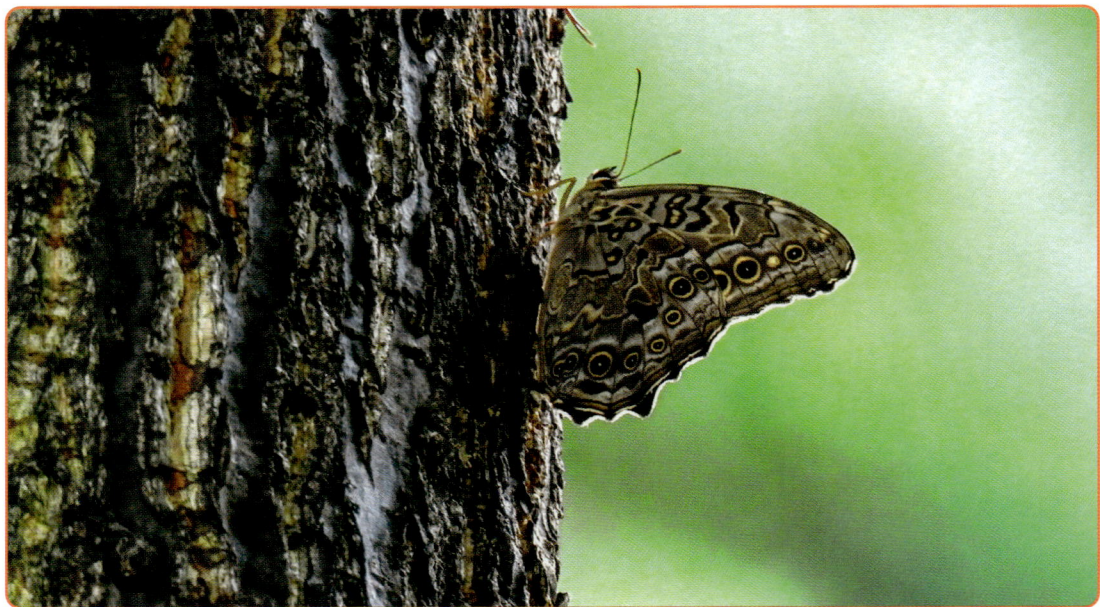

[形态特征] 雌雄同型。雄：春季型类似大斑荫眼蝶，前翅顶角不突出，前翅背面底色更黄；夏季型前翅背面底色褐色，中室端外侧靠近前缘的位置具黄斑，亚外缘及外中区具数个不规则排列的黄斑，Cu_2室具性标；后翅背面底色同前翅，外缘微波浪形，M_3脉向外微微突出，亚外缘具零散不规则黄斑列；腹面前翅底色灰褐色，M_1到Cu_1室具1列眼斑，中室内及中室端具黑色弯曲条纹，后翅底色同前翅，翅基部具3个黄点，黄点周围具不规则灰白色区域，中室端具1黑斑，亚外缘具1列眼斑。雌：翅型宽，颜色淡，无性标；其余同雄性。

[习性] 喜食粪汁与树汁。3—8月发生。

[分布] 浙江（钱江源国家公园、杭州、临安天目山、百山祖、凤阳山、四明山、松阳）、河南、福建、湖北、湖南、广东、广西、海南、四川、重庆、贵州、云南、陕西、中国台湾。

（四十九）眼蝶科

Satyridae

152. 大斑荫眼蝶
Neope ramosa Leech, 1890

[形态特征] 雌雄同型。雄：背面前翅底色黑褐色，后翅底色同前翅，外缘波浪形；腹面前翅底色暗褐色，M_1、Cu_1 及 Cu_2 室各具 1 个眼斑，眼斑外侧在外缘具波浪形黑褐色线，中室内具带黑圈的黄点及黑色波浪纹，外中带直，内侧黑褐色外侧白色，后翅底色同前翅，翅基部具 3 个带黑圈的黄点，外中带内侧黑褐色外侧白色，在 Cu_2 室外凸，亚外缘具 1 列眼斑。雌：翅型宽，颜色淡；其余同雄性。

[习性] 多活动于路边及林间空地。4—9 月发生。

[分布] 浙江（钱江源国家公园、杭州、临安天目山、百山祖、凤阳山、四明山、松阳）、河南、福建、湖北、湖南、广东、广西、海南、四川、重庆、贵州、云南、陕西、中国台湾。

153. 蒙链荫眼蝶
Neope muirheadii Felder, 1862

【形态特征】翅腹面从前翅1/3处到后翅臀角有1条白色和棕色并行的横带。前翅中室内有2条弯典棕色条斑和4个链状的圆斑，正外缘有4个眼状斑，M_2室小。后翅基部有3个圆环，正外缘有7个眼状斑，臀角处2个相连。

【习性】多活动于竹林间及林间阴暗处。

【分布】浙江（钱江源国家公园、杭州、临安、宁波、丽水、云和、龙泉、泰顺）、河南、福建、湖北、湖南、四川、重庆、贵州、云南、陕西；印度。

（四十九）眼蝶科
Satyridae

154. 黑翅荫眼蝶
Neope serica (Leech, 1892)

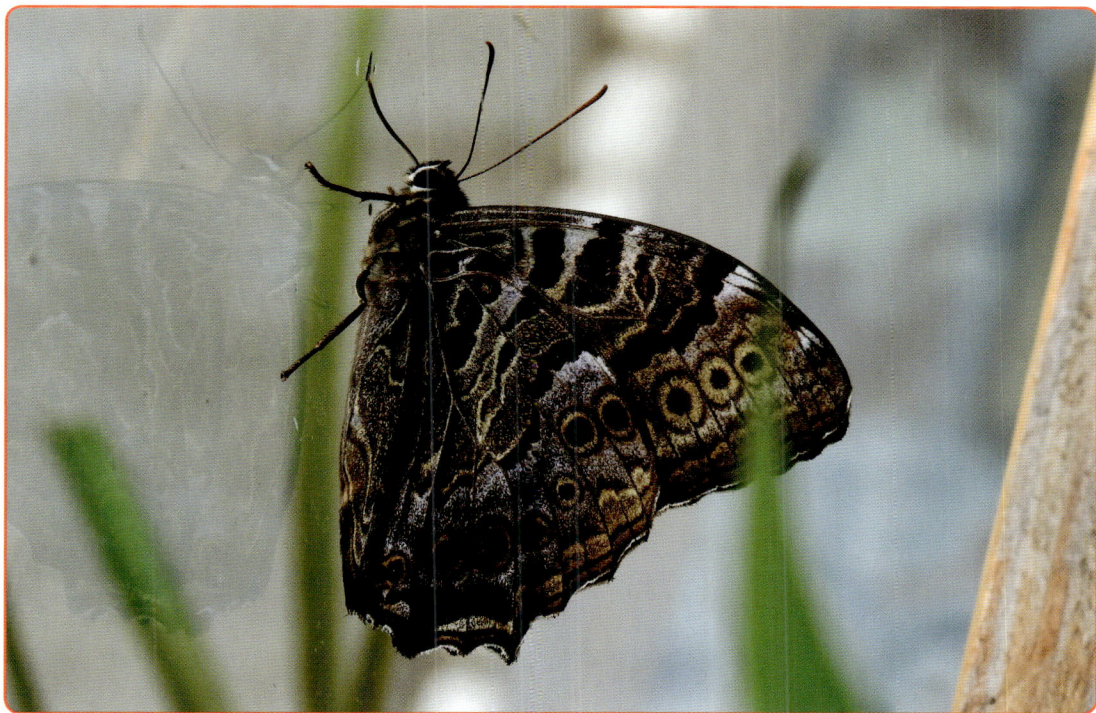

【形态特征】雌雄同型。雄：背面前翅底色黑褐色，中室端外侧及亚顶角区靠近前缘的位置具黄斑，后翅底色同前翅，外缘波浪形；腹面前翅底色暗褐色，M_1 到 Cu_2 室具 1 列眼斑，中室内及中室端具黑色粗条纹，外中带在中室端位置向外方弯曲，后翅底色同前翅，翅基部及前缘具黑斑，中室端具 1 个黑斑，亚外缘具 1 列眼斑。雌：翅型宽，颜色淡；其余同雄性。

【习性】多活动于阴暗林间。6—7 月发生。

【分布】浙江（钱江源国家公园、龙泉凤阳山、临安天目山）、北京、河北、河南、山东、福建、湖北、湖南、四川、重庆、贵州、云南、陕西。

155. 白斑眼蝶
Penthema adelma (Felder, 1862)

[形态特征] 雌雄同型。雄：背面前翅底色黑色，中室内具1个白色近菱形斑，横贯中室，中室端外侧围绕中室的各翅室均具1个白色短条斑，M_3到2A室均具白斑，排列为1条倾斜宽白带，Cu_1室斑最长，亚外缘R_5到M_1室中部各具1个白点，后翅底色同前翅，外缘波浪形，镶有白边，S_c+R_1室到M_1室亚外缘各具1个白斑；腹面前翅底色暗褐色，斑纹基本同背面，后翅底色同前翅，亚外缘具1列小白斑。雌：翅型宽，颜色淡；其余同雄性。

[习性] 飞行能力强，喜食粪汁与树汁。5—9月发生。

[分布] 浙江（钱江源国家公园、丽水、缙云、遂昌、云和、龙泉、泰顺、临安）、江西、广东、四川、云南；越南、老挝、泰国、缅甸、印度、尼泊尔。

（四十九）眼蝶科
Satyridae

156. 古眼蝶
Palaeonympha opalina **Butler, 1871**

[形态特征] 翅背面棕黄色，外缘和基部色浓，两者间色浅，有内外缘线各1条，正外缘线2条，均波曲；前翅顶端有1个眼斑，中间有2个白瞳点；后翅顶端眼斑黑色，无瞳点。翅腹面有2条中横线；前翅眼斑下各室有色斑列；后翅有3个眼斑，前2个大，臀角处1个小，在后翅顶角斑的上下及 M_3 室还有隐约淡色小斑。

[习性] 多活动于阴暗林间。5—6月发生。

[分布] 浙江（钱江源国家公园、淳安、开化、临安、长兴、德清、云和、龙泉、文成、泰顺）、河南、江西、湖北、广东、四川、陕西、甘肃。

157. 蓝斑丽眼蝶
Mandarinia regalis (Leech, 1889)

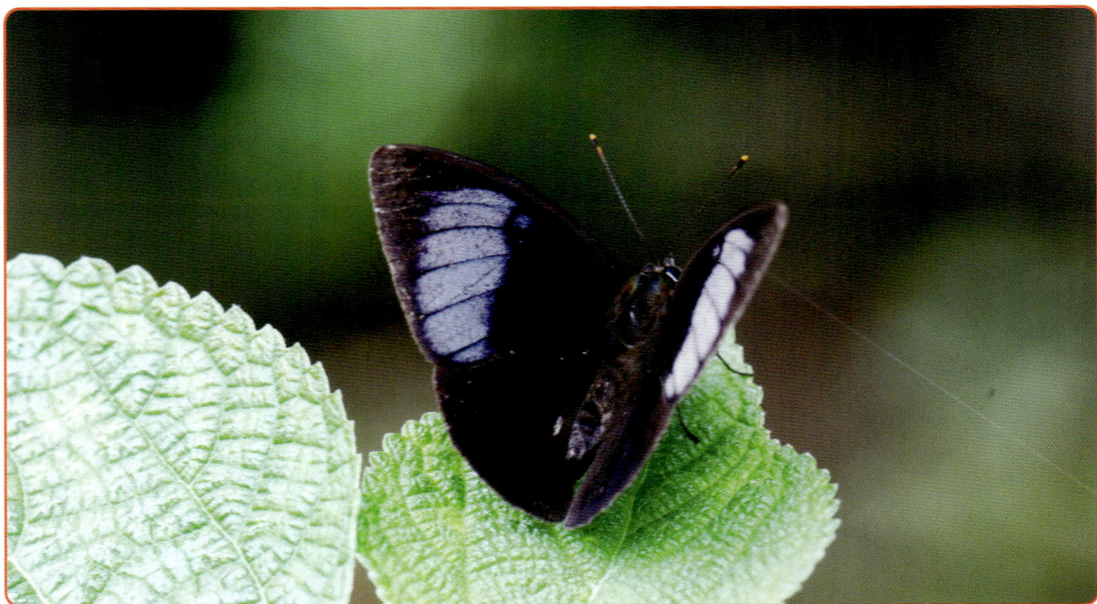

[形态特征] 雌雄同型。雄：背面前翅底色紫褐色，M_1脉到臀角具1条蓝色宽带，内缘有时弧形突出，后翅底色同前翅，外缘圆滑，端半部有时具蓝紫色光泽，中室附近具黑毛；腹面前翅底色棕褐色，M_1到Cu_1室各具1个眼斑，眼斑周围具淡色区域，外缘灰白色，后翅底色同前翅，亚外缘具1列眼斑，外围有黄环。雌：蓝色斜带较窄、且呈弧形；其余同雄性。

[习性] 多活动于阴暗林间，有追随行为。5—9月发生。

[分布] 浙江（钱江源国家公园、丽水、遂昌、景宁、龙泉、庆元、开化、泰顺、临安）、河南、湖北、湖南、江西、福建、安徽、广东、广西、海南、重庆、四川；越南、缅甸、泰国、老挝。

（四十九）眼蝶科
Satyridae

158. 稻眉眼蝶
Mycalesis gotama Moore, 1857

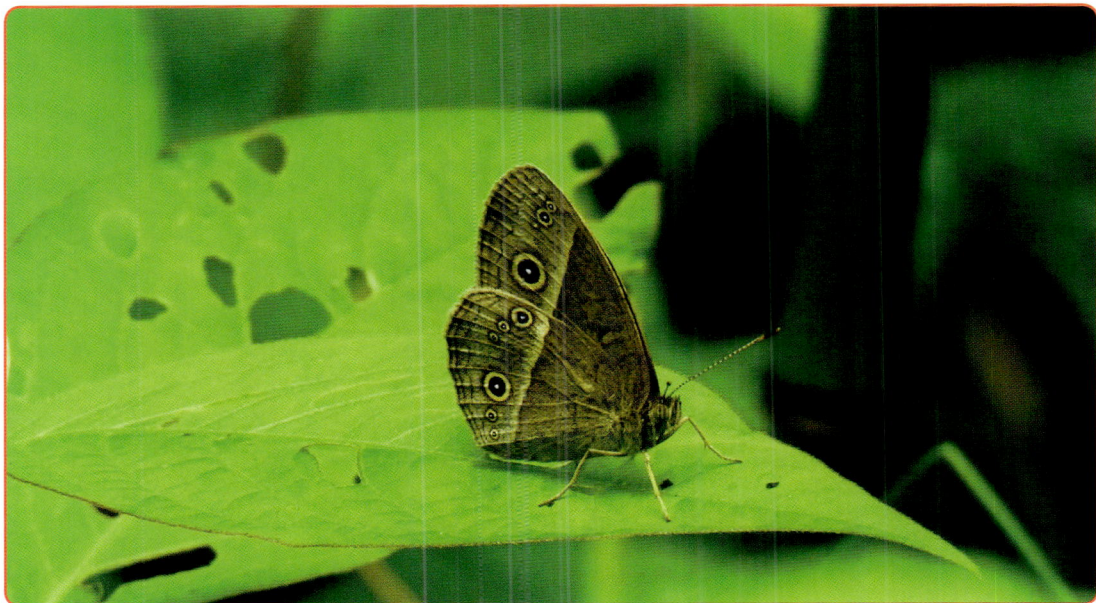

[形态特征] 雌雄同型。雄：背面前翅底色暗褐色，Cu_1室具1个大眼斑，M_1室具1个小眼斑，2A脉上具毛簇与性标，端半部颜色较浅，后翅底色同前翅，外缘圆滑，中室前具毛簇与性标，Cu_1室具1个眼斑；腹面前翅底色褐色，R_5与M_1室各具1个小眼斑，Cu_1室具1个大眼斑，这些眼斑外围黄环极明显，外中线紫白色，较宽，后翅底色同前翅，外中带紫白色，亚外缘具1列眼斑，弧形排列，前后翅基部均具波浪形亚基线。雌：翅型宽，颜色淡；其余同雄性。

[习性] 多活动于林间及附近。4—10月发生。

[分布] 浙江（钱江源国家公园、天目山、遂昌、开化、泰顺、龙泉）、北京、河南、江苏、安徽、湖南、湖北、江西、广东、广西、福建、四川、贵州、云南、陕西、中国台湾；越南、老挝、泰国、缅甸、印度、尼泊尔。

159. 上海眉眼蝶
Mycalesis sangaica Butler, 1877

【形态特征】雌雄同型。雄：背面前翅底色暗褐色，Cu_1室具1个大眼斑，2A脉上具毛簇和性标斑，后翅底色同前翅，外缘圆滑，Cu_1室有时具1个眼斑，中室前具毛簇与性标；腹面前翅底色褐色，$M_1 \sim M_2$室各具1个小眼斑，Cu_1室具1个大眼斑，外中线白色，较细，后翅底色褐色，外中带白色，亚外缘具1列眼斑，弧形排列；前后翅基部都具大量褐色细线，具磨砂质感。雌：翅型宽，颜色淡，无性标与毛簇；其余同雄性。

【习性】多活动于林间。5—9月发生。

【分布】浙江（钱江源国家公园、淳安、普陀、丽水、临安）、江西、广东、广西、福建、中国台湾；越南、老挝、泰国。

（五十）蛱蝶科
Nymphalidae

160. 扬眉线蛱蝶
Limenitis helmanni Lederer, 1853

【形态特征】雌雄同型。触角背面末端鲜黄色。雄：前翅背面底色黑色，中室基部具1白色条，端部具1个白色钝角三角形斑，中室端外侧具3个白色条斑，M_3到2A室各具1个白斑，亚顶角区具3个白斑，亚外缘区M_2室到臀角具1个由彼此分离的白条组成的细白线，腹面底色红褐色，外缘区另具1列白斑从M_2室延伸到臀角，其他斑纹类似背面；后翅背面底色同前翅，中区具1个白斑列从前缘延伸到2A室，亚外缘具1个由彼此分离的白条组成的斑列从顶角延伸到臀角，腹面底色同前翅腹面底色，基部具数个细小黑

点，中区具1条中带，形态类似背面，外中区左臀角具2个发达黑斑，亚外缘区具1条发达白斑列，外缘区具1列细白斑。雌：翅形更宽，体形更大，斑纹更发达；斑纹排列基本同雄性。

【习性】成虫多活动于水边及林间开阔地区，常见于溪边、水洼边吸水，飞行迅捷。5—9月发生。

【分布】浙江（钱江源国家公园、杭州、临安、淳安、开化、缙云、丽水、松阳、遂昌、云和、龙泉）、黑龙江、吉林、辽宁、河北、河南、陕西、甘肃、新疆、湖北、江西、四川；朝鲜半岛及俄罗斯。

161. 断环蛱蝶
Neptis sankara (Kollar, 1844)

【形态特征】有黄色型和白色型的存在，不同处只在颜色。雌雄同型。雄：前翅背面底色黑色，中室内具1个棒状条；中室端外侧具3个白色条斑排列为1条斜带，M_2室具1个小点，M_3到2A室各具1个斑，排列倾斜，腹面底色红棕色，外缘区在$M_1 \sim M_2$室及臀角具淡色斑，其他斑纹类似背面；后翅背面底色同前翅，中区具1条中带从前缘延伸到内缘，亚外缘具1条由彼此分离的发达斑块组成的斑列从近顶角处延伸到臀角，腹面底色同前翅腹面底色，前缘基部和翅基部到R_8室各具1个月牙形纹，中区具1条中带，形态类似背面，外中区具1个发达斑列，亚外缘区具1条模糊的亚外缘带。雌：翅形更宽，体形更大，斑纹更发达，斑纹排列基本同雄性。

【习性】成虫访花，会吸水，飞行迅速，喜于晴朗白天活动。5—9月发生。

【分布】浙江（钱江源国家公园、杭州、临安、开化、缙云、丽水、遂昌、庆元、龙泉、泰顺）、甘肃、湖北、江西、湖南、福建、四川、云南、西藏、中国台湾；印度、克什米尔、尼泊尔、缅甸、泰国、马来西亚、印度尼西亚。

（五十）蛱蝶科
Nymphalidae

162. 啡环蛱蝶
Neptis philyra Ménétriés, 1859

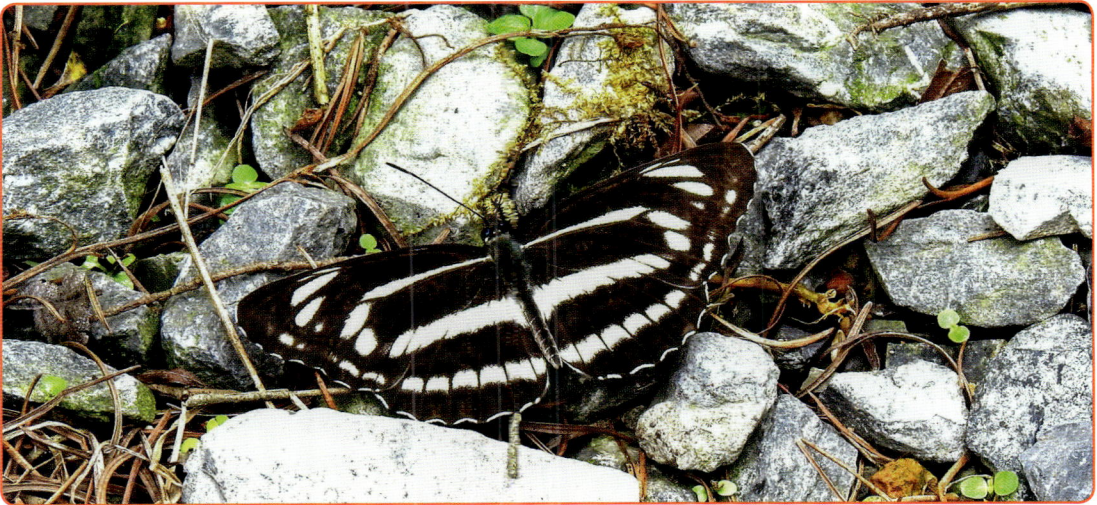

【形态特征】雌雄同型。雄：前翅背面底色黑色，中室内具1个白色棒状条；中室端外侧具3个白色条斑排列为1条斜带，M_3到2A室各具1个斑，排列呈弧形；腹面底色红棕色，外缘区在$M_1 \sim M_2$室及臀角具淡色斑，其他斑纹类似背面；后翅背面底色同前翅，中区具1条中带从R_s室延伸到内缘，亚外缘具1由彼此分离的发达斑块组成的斑列从近顶角处延伸到臀角，腹面底色同前翅腹面底色，翅基部到R_s室具1条亚基条，中区具1条中带，形态类似背面，外中区具1个发达斑列，亚外缘区具1条模糊的亚外缘带。雌：翅形更宽，体形更大，斑纹更发达，颜色淡，斑纹排列基本同雄性。

【习性】成虫访花，会吸水，飞形迅捷，喜于晴朗白天活动。

【分布】浙江（钱江源国家公园、临安、淳安、缙云、泰顺）、黑龙江、吉林、湖北、云南、中国台湾；朝鲜、日本、俄罗斯、越南。

163. 东方带蛱蝶
Athyma orientalis Elwes, 1888

【形态特征】翅背面黑褐色，斑纹白色；前翅中室内条纹断成4节；后翅中横带前面宽后面略窄，外横带较明显；前后翅内有白色外缘纹。翅腹面棕色，后翅肩区比正面多1条白色条纹。前翅中室内的条形斑较窄，分离三角斑较尖，较长，前翅腹面中室内的白条斑纹未完全分离，后翅内缘银灰色与中域弧形白斑衔接位颜色泾渭分明。不同产地的蝴蝶在特征上会有所不同。

【习性】成虫多于林区活动。5—8月发生。

【分布】浙江（钱江源国家公园、凤阳山、草鱼塘、天目山）、江西、福建、广东。

164. 珠履带蛱蝶
Athyma asura Moore, 1858

［形态特征］ 雌雄同型。雄：前翅背面底色黑色，中室基部具1条极细的白色条，被黑线分割为两部分，端部具1个白斑，中室端外侧具2个白色条斑，M₂到2A室各具1个白斑，排列倾斜，亚顶角区到臀角具1条由彼此分离的白条组成的细白线，腹面底色红褐色，外缘区具1列从M₂室延伸到臀角的斑列，其他斑纹类似背面；后翅背面底色同前翅，中区具1条白带从前缘延伸到2A室，亚外缘具1列由彼此分离的发达白斑组成的斑列从近顶角处延伸到臀角，每个白斑内部具1个黑点；腹面底色同前翅腹面底色，Sc+R₁室基部具1个白色月牙形纹，中区具1条中带，形态类似背面，但斑块彼此愈合，外中区具1列发达白斑列，每个白斑内部具1个黑点，亚外缘区具1条中间断裂的白线。雌：翅形更宽，体形更大，斑纹更发达，斑纹排列基本同雄性。

［习性］ 成虫多于林间活动。5—9月发生。

［分布］ 浙江（钱江源国家公园）、湖北、湖南、福建、海南、广西、四川、贵州、云南、西藏、中国台湾；印度、尼泊尔、缅甸、泰国、老挝、越南、马来西亚、印度尼西亚。

165. 琉璃蛱蝶
Kaniska canace (Linnaeus, 1763)

【形态特征】雌雄同型。雄：前翅外缘在 M_1 脉及 Cu_2 脉末端突出，背面底色黑色，外中区近前缘具1个淡蓝色斜斑，亚顶角斑白色，下方具1条前细后宽的波浪形蓝色带延伸到臀角，腹面底色黄褐色，具大量不规则树皮状纹，亚基带和中带黑褐色，较清晰，其他斑纹较模糊；后翅背面底色同前翅，外中区具1条淡蓝色带从近顶角处延伸到臀角，带内具黑点，外缘在 M_3 脉末端具1个尾突，腹面底色同前翅腹面，中带深褐色，内具1个白色点。雌：翅形更宽，体形更大，斑纹排列基本同雄性。

【习性】幼虫以菝契科植物为食，成虫于3至12月可见，有领域性，具追逐行为，飞行迅速，喜访花及吸食树液、动物粪便。

【分布】浙江（钱江源国家公园）、黑龙江、吉林、辽宁、内蒙古、北京、河北、山西、山东、河南、陕西、上海、江苏、安徽、湖北、江西、湖南、福建、湖南、广东、广西、四川、云南、中国台湾；印度、斯里兰卡、尼泊尔、克什米尔、俄罗斯、朝鲜、日本、越南、老挝、缅甸、马来西亚、印度尼西亚、菲律宾。

（五十）蛱蝶科
Nymphalidae

166. 美眼蛱蝶
Junonia almana (Linnaeus, 1758)

[形态特征] 雌雄同型。具夏型和秋型。夏型雄：前翅外缘在M_1脉及Cu_2脉末端突出，背面底色橙红色，基半部颜色棕色，中室内具2条黑色条，中室端具1个黑褐色宽斑，亚顶角区具1条黑褐色斜带，R_5室具1个小眼斑，Cu_1室具1个大眼斑，中央具1个白色瞳点，外缘具深褐色边，腹面底色黄色，中室内具5条波浪形黑纹，

外中线前段波浪形，后端直，内侧具1条白色条，亚外缘及外缘具2条波浪形线，其他斑纹类似背面；后翅背面底色同前翅，中域具1个大眼斑，亚外缘区具2条弧形黑褐色波浪形线，腹面底色同前翅腹面，基部具黑线，中带白色，外中区具2个眼斑，上方的一个呈"8"字形，下方的一个正常，其余斑纹同背面。夏型雌：翅形更宽，体形更大，颜色更浅，后翅背面眼斑更发达，斑纹排列基本同雄性。秋型雄：前翅外缘在M_1脉及Cu_2脉末端的突出更显著，外缘黑褐色边宽，后翅臀角突出呈柄状，腹面底色黄褐色，类似枯叶，斑纹几乎消失，只留下前后翅中线明显。秋型雌：翅形更宽，体形更大，颜色更浅，后翅背面眼斑更发达，斑纹排列基本同雄性。

[习性] 幼虫以马鞭草科、车前草科、玄参科、苋科、野牡丹科等植物为食。成虫喜于开阔地活动，访花，有领域性，具追逐行为。全年可见。

[分布] 浙江（钱江源国家公园）、江苏、安徽、湖北、江西、湖南、福建、广东、海南、广西、四川、贵州、云南、中国台湾；印度、不丹、尼泊尔、克什米尔、巴基斯坦、日本、越南、老挝、柬埔寨、缅甸、泰国、马来西亚、印度尼西亚、菲律宾、孟加拉国、斯里兰卡。

167. 朴喙蝶
Libythea lepita Moore, 1857

【形态特征】小型蝴蝶，雌雄同型。雄：头胸腹黑色，头小，复眼无毛，下唇须极长，非常显著；触角短，末端膨大；背面前翅底色黑褐色，顶角平截，外缘在顶角突出呈钩状，中室条橙红色，在末端膨大，亚顶角区具2个小白点，上小下大，亚外缘R_5到M_2室具3个方形斑，最上方的为白色，下方的两个为橙红色，中域在M_3与Cu_1室具2个大橙红色斑，M_3室的斑为三角形，有时与中室条接触，Cu_1室斑为四边形，后翅底色黑褐色，外缘锯齿形，中域从R_s室到Cu_2室具1条中带，呈"＞"形，一些个体在R_s室无斑；腹面前翅类似背面，颜色稍浅，顶角和臀角带灰白色灰褐色鳞片，后翅底色灰褐色，前缘和顶角各具1个不明显黑斑，翅基部到中域具1个暗灰褐色三角形斑。雌：同雄性，体形较大。

【习性】幼虫主要以朴树为寄主。成虫多于开阔地与水边活动，常群集在水边吸水。全年可见。

【分布】浙江（钱江源国家公园）、北京、河南、甘肃、江西、安徽、湖北、湖南、福建、广东、四川、贵州、重庆、陕西；印度、不丹、缅甸、泰国、老挝、越南、日本及朝鲜半岛。

（五十二）珍蝶科
Acraeidae

168. 苎麻珍蝶
Telchinia issoria (Hübner, 1819)

【形态特征】中型蝴蝶，雌雄异型。雄：头胸腹黑色，头胸连接处具橙红色鳞毛；触角长，末端膨大；约为前翅长一半；背面前翅底色橙黄色，顶角圆，翅脉黑色，前缘黑色，亚外缘具1条黑带，外缘黑色，后翅底色橙黄色，卵圆形，亚外缘具1条黑带，外缘黑色；腹面类似背面，前翅底色黄白色，外缘无黑带，后翅底色同前翅，外缘具1列橙红色斑，两侧镶有黑边。雌：翅型同雄性；背面前翅底色黑色，中室内具半透明浅色中室条，在外方1/3处断开，外中区具1列半透明浅色斑，从前缘延伸到2A脉，外缘具1列浅色小点；后翅底色黄色，翅脉黑色，外缘具1列黑斑，黑斑中心具白斑，多为三角形；腹面近似雄性腹面，颜色稍深。

【习性】以荨麻、苎麻、醉鱼草属植物及茶树为宿主，成虫喜访花。4—9月发生。

【分布】浙江（钱江源国家公园、百山祖、凤阳山、九龙山、白云森林公园、烂泥湖、望东垟、四明山、天目山、九龙湿地、峰源）、陕西、中国台湾及长江以南各地；日本、越南、老挝、柬埔寨、泰国、缅甸、印度、尼泊尔、不丹、马来西亚、印度尼西亚。

169. 白点褐蚬蝶
Abisara burnii de Nicéville, 1895

[形态特征] 小型蝴蝶，雌雄异型。雄：背面前翅三角形，底色红褐色，外中区可见不明显淡色带，外缘具不明显白色斑列，后翅长卵形，外缘在 M_3 脉微微突出，外中区具 1 列不明显黑斑，端半部在顶角下方具 2 个黑斑，外侧镶有白边，M_3 到 Cu_2 室外缘有白边；腹面底色和斑纹颜色稍淡，前翅中区与外中区各具 1 列白斑，外缘具断裂的白线，后翅中区具 1 列白斑，外中区具 1 列新月形黑斑，黑斑外侧 M_3 到 Cu_2 室具 "＜" 形纹，外缘具白边，其余同背面。雌：颜色较淡，前翅顶角不突出；其余同雄性。

[习性] 林中阴暗处可见，访花。4—9月发生。

[分布] 浙江（钱江源国家公园、龙泉、泰顺、临安）、福建、江西、广东、广西、海南、四川、重庆、云南、中国台湾；印度、缅甸。

（五十四）灰蝶科
Lycaenidae

170. 酢浆灰蝶
Pseudozizeeria maha (Kollar, 1844)

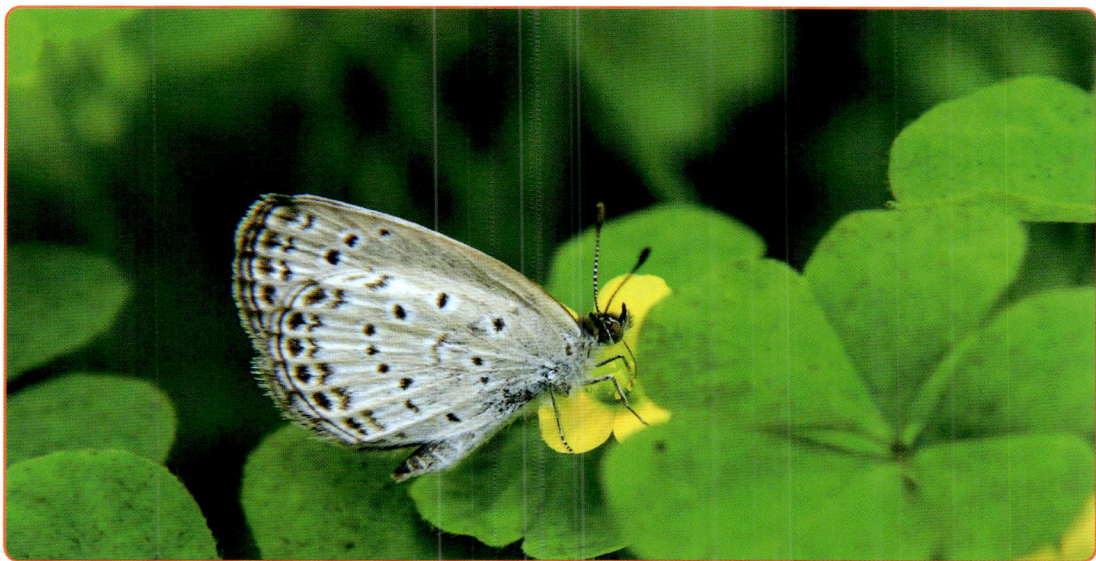

【形态特征】雌雄异型。雄：前翅背面大部分为淡蓝色鳞区，外缘及顶角具宽黑边，腹面底色灰白色，中室内具1个黑点，中室端具1个暗褐色条斑，外中区具6个黑点，外缘具1条淡褐色弧形带；后翅背面大部分面积为淡蓝色鳞，前缘区黑褐色，腹面底色灰白色，亚基部具3个黑点，中室端具1个暗褐色条斑，外中区具8个黑点，排列为弧形，亚外缘区内侧具1列深色新月形斑，外侧具1列黑点。雌：翅形更圆；前翅正面底色黑褐色，中室具稀疏的蓝色鳞；后翅底色同前翅，无斑纹，反面斑纹基本同雄性。

【习性】极为常见，全年可见。分布于海拔0～2000米地区，幼虫的寄主植物为酢浆草。一年多代。

【分布】浙江（钱江源国家公园、百山祖、凤阳山、九龙山、白云森林公园、烂泥湖、望东垟、四明山、天目山、九龙湿地、峰源）及秦岭以南各地；日本、俄罗斯，向南到苏门答腊，向西到伊朗。

171. 尖翅银灰蝶
Curetis acuta Moore, 1877

【形态特征】雌雄异型。前翅顶角钝尖，后翅臂角稍尖出。雄：前翅背面黑褐色，中室大部橙红色，M_3室到2A室基部橙红色，腹面底色银白色，外中区具1条模糊的黑鳞带，其他区域密布黑鳞；后翅背面底色同前翅，S_c+R_1室、R_s室基部以及外缘区黑色，其余区域橙红色，腹面底色银白色，中区和外中区具模糊的黑鳞带，后翅沿外缘各室有极细小的黑点列。雌：背面橙红色区域被青白色取代；前翅后翅背面和腹面其他区域同雄性。

【习性】多于低海拔水边活动，飞行迅捷，喜食粪汁与腐烂水果汁液。全年可见。

【分布】浙江（钱江源国家公园、百山祖、凤阳山、九龙山、白云森林公园、烂泥湖、望东垟、四明山、天目山、九龙湿地、峰源）及秦岭以南各地；日本、俄罗斯，向南到苏门答腊，向西到伊朗。

（五十四）灰蝶科
Lycaenidae

172. 琉璃灰蝶
Celastrina argiolus (Linnaeus, 1758)

【形态特征】雌雄异型。雄：前翅背面大部分为浅紫色鳞区，外缘及顶角具窄黑边，顶角黑边稍宽，腹面底色灰白色，中室端具1个暗褐色条斑，外中区具1列彼此分散的黑点，外缘具1列新月形褐色斑列，斑列外侧为1列褐色点；后翅背面大部分面积为淡紫色鳞，围有窄黑边，腹面底色灰白色，亚基部具3个黑点，中室端具1个暗褐色条斑，外中区斑列靠前缘的两个斑内移，不和后续斑点共弧线，亚外缘区内侧具1列黑色新月形斑，外侧具1列深褐色点。雌：翅形更圆；背面前翅底色黑褐色，中室到前缘及M_2室到内缘具淡蓝色鳞区，后翅底色同前翅，M_1室到Cu_2室及中室内具淡紫色鳞；前翅、后翅腹面斑纹基本同雄性。

【习性】多活动于水边，会吸水，喜访花。3—9月发生。

【分布】浙江（钱江源国家公园、百山祖、凤阳山、九龙山、白云森林公园、草鱼塘、烂泥湖、望东垟、四明山、天目山、九龙湿地、峰源、松阳）、黑龙江、辽宁、吉林、北京、河北、河南、山东、湖北、湖南、江西、广东、广西、云南、四川、甘肃、陕西、中国台湾；印度、缅甸、泰国、越南、俄罗斯、日本及欧洲西部。

173. 亮灰蝶
Lampides boeticus (Linnaeus, 1767)

【形态特征】雌雄异型。雄：前翅背面大部分为紫蓝色鳞区，外缘及顶角具窄黑边，腹面底色黄褐色，中室内及中室端具4个暗褐色条斑，外中带双线形，颜色浅，靠内的一条从前缘延伸到 Cu_2 脉，靠外的一条从前缘延伸到 Cu_1 脉，外缘具1条褐色弧形带，内侧具白鳞；后翅背面大部分面积为紫蓝色鳞，臀角区具2个黑点，腹面底色黄褐色，亚基部到亚外缘区具大量波浪状深色条，Cu_1 室外缘具1个眼斑，臀角具1个黑斑，Cu_2 脉上具1个尾突。雌：翅形更圆；前翅背面中室下半部及 M_3 脉到内缘基部具蓝色鳞区；后翅底色同前翅，中室附近具蓝色鳞，腹面斑纹基本同雄性。

【习性】幼虫以豆科植物为寄主，成虫多活动于疏林与空地，喜阳光，具备较强飞行能力。2—10月发生。

【分布】浙江（钱江源国家公园、百山祖、凤阳山、九龙山、白云森林公园、草鱼塘、烂泥湖、望东垟、四明山、天目山、九龙湿地、松阳）及秦岭以南各地；东南亚各国至澳大利亚、欧洲西部、中亚、非洲大陆。

174. 斑星弄蝶
Celaenorrhinus maculosus　(Felder et Felder, 1867)

[形态特征] 雌雄同型。雄：前翅背面黑褐色，亚顶角区具5个小白斑，靠近前缘有3个小白斑，排列呈弧形，M_1与M_2室具2小白斑，靠近外缘；中室端白斑最大，Cu_1室白斑次之，M_3室具1个白斑，Cu_2室具3个白斑，腹面斑纹同背面，基部具灰白色放射状纹，后缘灰白色；后翅背面底色同前翅腹面，散布大量大小不一的黄斑；腹面底色同前翅腹面，斑纹与背面类似。雌：同雄性，翅形更圆。

[习性] 飞行迅速，多于林中活动，访花。7—9月发生。

[分布] 浙江（钱江源国家公园、天目山、丽水、宁波）、河南、湖北、江西、安徽、福建、广东、四川；老挝、越南。

175. 绿弄蝶
Choaspes benjaminii (Guérin-Méneville, 1843)

【形态特征】雌雄同型。雄：头胸腹具绿毛，下唇须黄色，腹部腹面大部黄色，具黑环；前翅背面基部蓝绿色，有金属光泽，向外缘逐渐变黑，腹面具蓝绿色金属光泽，翅脉脉纹黑色；后翅背面同前翅背面，但具蓝绿色长毛，臀角沿外缘有橙黄色或橘红色斑带，在2A与Cu_1室之间斑带变宽向内凸，腹面大部同前翅，臀角区橘红色，橘红色区域延伸到Cu_2室中央，该区域内侧具1列黑斑，在区域的中央位置具1列黑斑，2A室具1个黑色大圆点。雌：大部同雄性，不同之处在于前翅背面基部绿色，具闪光。

【习性】飞行迅速，多于清晨与傍晚或阴天活动，畏惧强光，强光下会于植物叶片下避光。4—9月发生。

【分布】浙江（钱江源国家公园、百山祖、凤阳山、九龙山、白云森林公园、草鱼塘、烂泥湖、望东垟、四明山、天目山、九龙湿地、峰源、松阳）、河南、甘肃、江西、安徽、湖北、湖南、福建、广东、四川、贵州、重庆、陕西、中国香港、中国台湾；印度、不丹、缅甸、泰国、老挝、越南、日本、菲律宾、马来西亚、印度尼西亚。

（五十五）弄蝶科
Hesperiidae

176. 黑弄蝶
Daimio tethys (Ménétriès, 1876)

【形态特征】雌雄同型。雄：前翅背面黑褐色，亚顶角区具3个小白斑，中间的小斑内移，整体排列呈"<"形，M_1与M_2室具2个小白斑，中室端、Cu_1室与Cu_2室各具1个大小相近的白斑，M_3室具1个白斑，腹面斑纹同背面；后翅背面底色同前翅背面，中域具1条白色带，白色带外缘具黑色圆点，腹面类似背面，白色区域更大，延伸到翅基部，在中室内具1个黑斑，S_c+R_1室具2个黑斑，其余斑纹同背面。雌：斑纹排列同雄性，翅形更圆。

【习性】常见于林区小路旁，访花。4—9月发生。

【分布】浙江（钱江源国家公园、百山祖、凤阳山、九龙山、白云森林公园、草鱼塘、烂泥湖、望东垟、四明山、天目山、九龙湿地、峰源、松阳）及除新疆以外各地；日本、蒙古国、缅甸及朝鲜半岛。

177. 密纹飒弄蝶
Satarupa monbeigi Oberthür, 1921

【形态特征】雌雄同型。雄：前翅背面黑褐色，亚顶角区具5个白斑，靠近前缘有3个长条形白斑，排列呈直线形，M_1与M_2室具2个小白斑，位于近前缘的白斑的下方；Cu_1室白斑最大，中室内白斑次之，M_3室内具1个白斑且小于中室白斑，Cu_2室具2个小白斑，纵向排列，腹面斑纹同背面；后翅背面底色同前翅背面，中央具1条宽白带从前缘延伸到内缘，白带外侧具1列互相融合的黑斑列，大部分为椭圆形，靠近顶角的黑斑为圆形，腹面基部2/3为白色，黑斑列形态与背面相同，其余与背面类似。雌：同雄性，翅形更宽。

【习性】多于水边活动，喜吸水，飞行迅速。6—7月发生。

【分布】浙江（钱江源国家公园、丽水、龙泉、泰顺）、湖北、湖南、贵州、江苏、上海、江西、广西；老挝、越南。

（五十五）弄蝶科
Hesperiidae

178. 白弄蝶
Abraximorpha davidii (Mabille, 1876)

【形态特征】雌雄同型。雄：前翅背面底色黑色，前缘、顶角及外缘黑色，前缘具1个白色条斑，亚顶角区具4个小白斑，排列呈直线形，M_1 与 M_2 室具2个小白斑，靠近外缘，中室端、Cu_1 室及 Cu_2 室各具1个发达块状白斑，中室基部具1个白色楔形斑，M_3 室具1个小的长方形白斑，Cu_1 室及 Cu_2 室在亚外缘具2个模糊小白斑，腹面斑纹同背面；后翅背面底色同前翅背面，中央具1块大面积白色区域，中室内具1个黑斑，亚外缘及外缘各具1列黑斑。雌：同雄性，翅形更圆。

【习性】多于林中活动，常于树梢处可见。雄性成虫具有领地意识，访花，飞行迅速。5—9月发生。

【分布】浙江（钱江源国家公园、天目山、丽水、龙泉、遂昌）、山西、福建、河南、陕西、甘肃、湖北、湖南、江西、海南、中国香港、广西、广东、四川、云南；缅甸、越南。

179. 小锷弄蝶
Aeromachus nanus Leech, 1890

【形态特征】雌雄同型。雄：前翅背面黑褐色，无斑纹，或者亚顶角区具模糊黄斑痕迹，腹面大部黑褐色，颜色淡于背面，中室端具 1 个黄斑，亚顶角区到内缘具 3 个黄斑；后翅背面颜色同前翅，无斑纹，腹面底色黄褐色，具大量大小不一排列呈弧形的黄斑，中室端黄斑最大。雌：大部分同雄性，前翅背面具 3 个亚顶角斑。

【习性】幼虫以细毛鸭嘴草为寄主。5—9 月发生。

【分布】浙江（钱江源国家公园、临安、丽水）、江苏、福建、安徽、湖南、湖北、河南、广东、四川。

（五十五）弄蝶科
Hesperiidae

180. 旖弄蝶
Isoteinon lamprospilus Felder et Felder, 1862

【形态特征】雌雄同型。雄：前翅背面黑褐色，斑纹白色，中室末端具1个白斑，亚顶角斑3个，排列呈直线型，M_3与Cu_1室各具1块状白斑，Cu_2室具1个小白斑，腹面底色基半部黑褐色，端半部黄褐色，斑纹同背面；后翅背面颜色同前翅，无斑纹，后翅腹面底色黄褐色，前缘基部具1个白斑，中域具3个白斑，亚外缘区具5个白斑排列呈弧状。雌：基本同雄性，前后翅翅形更圆。

【习性】多于林区边缘活动，飞行迅速。5—9月发生。

【分布】浙江（钱江源国家公园、杭州、临安、淳安、宁波、开化、丽水、遂昌、龙泉、泰顺）、福建、安徽、湖北、湖南、江西、福建、广东、广西、四川、海南、中国香港、中国台湾；日本及中南半岛。

六、双翅目 Diptera

181. 棘膝大蚊属某种
Holorusia sp.

[形态特征] 体长13～17mm，前翅长12～14mm。头部黄色，后头区具1个浅褐色斑纹。复眼发达，呈黑色。胸部黄色。前胸无明显斑纹。中胸前盾片具3个褐色纵斑，中斑完全为淡色中纵纹分开，侧斑直。盾片两侧各有1个褐斑，其前侧端缘呈褐色。

[习性] 成虫发生期4—10月。

[分布] 浙江（钱江源国家公园）、贵州、湖北。

（五十六）大蚊科
Tipulidae

182. 大卫锦大蚊
Hexatoma (*Eriocera*) *davidi* (Alexander, 1922)

【形态特征】体长15～17mm。体黑色具光泽，前胸背板红黑色，具3块隆起的区域。腹部有蓝色的环斑，末端橙色。翅长12～16mm，黑色具白色斑块，有翅中室，同时有2～3中脉伸达翅。足黑色。

【习性】常见于中海拔山区溪流边树林。

【分布】浙江（钱江源国家公园）、广东；尼泊尔、印度。

183. 小亚细亚丽蜂虻
Ligyra tantalus (Fabricus, 1794)

【形态特征】翅从基部到翅缘由黑褐色到亮褐色。腹部背面除了第3节、第7节有白色鳞片以外，其他的被黑色鳞片，第2节、第6节侧面有一小部分被白色鳞片。

【习性】成虫盛发期6—8月。出没于阳光充裕的草丛之中或者地面。

【分布】浙江（钱江源国家公园）、广西；日本、泰国。

（五十八）水虻科
Stratiomyidae

184. 金黄指突水虻
Ptecticus aurifer Walker, 1854

【形态特征】体长15～20mm。头部半球形，黄色。复眼分离，无毛。触角梗节内侧端缘明显向前突起，呈指状，鞭节由基部4小节和亚顶端的触角芒组成。身体黄褐色，腹部通常第3节往后具有大面积黑斑。翅棕黄色，端部具有深色斑块，中室五边形。

【习性】幼虫腐食性，成虫常见于有垃圾或腐烂动植物的草丛、灌木丛中。

【分布】浙江（钱江源国家公园）、西藏、内蒙古、吉林、陕西、山西、河北、北京、安徽、江苏、四川、重庆、贵州、湖北、湖南、江西、福建、云南、广西、广东、中国台湾；日本、印度、印度尼西亚、马来西亚、越南、泰国等国。

185. 亮丽蜂蚜蝇
Volucella linearis Walker, 1852

【形态特征】头部的毛淡黄色，触角暗褐色。柄节裸，梗节有黑毛，鞭节有淡黄色。胸部褐色至黑褐色，有灰白粉被；中胸背板和小盾片烟黑色。胸部的毛淡黄色；中胸背板中侧部和后部有金黄色的倒伏毛，前侧缘有一些黑毛，小盾片整个被黑色长毛。腹部褐色至暗褐色，有灰白粉被。

【习性】幼虫捕食性，生活在潮湿富含有机质的土中。

【分布】浙江（钱江源国家公园）、甘肃、陕西。

（六十）食虫虻科
Asilidae

186. 弯顶毛食虫虻属某种
Neoitamus sp.

【形态特征】体长20～29mm。腹部粗短，雌性腹末顿圆。体棕黄色，雄性色深，触角黄色至黄褐色，第3节黑色；足灰黑色，胫节棕黄色，腹部黄褐色。

【习性】成虫于春夏见于林下，捕食性。

【分布】浙江（钱江源国家公园）；印度、印度尼西亚、日本、韩国。

187. 叉胫食虫虻属某种
Promachus sp.

【形态特征】体长19～24mm，翅展30～32mm。体黑色。额为头宽的1/5，有灰白色粉被。单眼瘤上有黑毛。触角黑色。颜面、头外侧及头顶后缘、胸外侧、各足基节外侧均生有黄白色细长毛。胸背有虎状纹，黄白色粉被，中央有1个纵长灰黑斑。足赤黄色，基节黑色。腹部灰黑包，第1至第5节后缘各有白色粉被。产卵器黑色。

【习性】捕食棉蚜。

【分布】浙江（钱江源国家公园）、河北；日本、韩国。

（六十一）实蝇科
Tephritidae

188. 带拟突眼实蝇
Pseudopelmatops angustifasciatus Zia et Chen, 1954

【形态特征】头部黑色。眼柄红褐色至黑褐色，眼位于触角旁的长柄上。腹部几节红色。

【习性】未知。

【分布】浙江（钱江源国家公园）。

189. 宽跗蚜蝇属某种
Platycheirus sp.

【形态特征】复眼裸。颜面黑色，有时或多或少污色，无任何黄色痕迹。触角黑色，芒裸。胸和小盾片无黄色斑点，有软毛。腹部两侧几乎平行，有3对或4对黄斑，偶尔有蓝色斑点。

【习性】成虫盛发期5—8月。

【分布】浙江（钱江源国家公园）。

（六十二）蚜蝇科
Syrphidae

190. 裸芒宽盾蚜蝇
Phytomia errans (Fabricius, 1787)

[形态特征] 体长9～14mm。头大，半球形。略宽于胸。眼裸。额黄棕色，颜面很宽。触角小，棕黄色。芒裸。中胸背板灰黄至棕褐色，具黄毛；小盾片横宽，棕褐色或黑褐色。腹部短卵形，棕褐色。足黑色，各足腿节末端、后足腿节基半部或2/3、前后足胫节基半部及中足胫节基部2/3黄白色至棕黄色。

[分布] 浙江（钱江源国家公园）、西藏、江苏、四川、湖南、福建、云南、广西、中国台湾。

191. 斜斑鼓额蚜蝇
Scaeva pyrastri (Linnaeus, 1758)

【形态特征】小盾片棕黄色。腹部两侧具边，底色黑，第2至第4背板各具大形黄斑1对。雄性第3、第4背板黄斑中间常相连接，第4、第5背板后缘黄色，第5背板大部黄色，露尾节大，亮黑色。腹背毛与底色一致。

【习性】幼虫捕食棉蚜、棉长管蚜、豆蚜、桃蚜等。

【分布】浙江（钱江源国家公园）、辽宁、甘肃、山西、河北、北京、江苏、上海、湖北、福建、云南；古北区广泛分布。

（六十二）蚜蝇科
Syrphidae

192. 狭带条胸食蚜蝇
Helophilus eristaloideus (Bigot, 1882)

【形态特征】体长 10～15mm。头顶棕褐色，覆棕色粉被，被黄毛。额黑色，密覆棕黄色粉被。中胸背板钝黑色，密覆黄毛，具黄色或红黄色纵条2对，中间1对极狭，侧纵条较宽，于背板前部与狭纵条相连。后足腿节极粗大，黑色，末端黄色至红棕色，胫节黑色，极弯曲；后足腿节腹面具黑色短鬃。

【分布】浙江（钱江源国家公园）、西藏、东北、河北、江苏、四川、湖北、湖南、江西、福建、云南；日本。

七、膜翅目 Hymenoptera

193. 竹木蜂
Xylocopa nasalis Westwood, 1838

【形态特征】体黑色，被黑色毛。中胸背板中央光滑闪光，四缘刻点小而密，前缘、侧缘及侧板密被绒毛；腹部各节背板刻点少而均匀；第5～6节背板上刻点较密，腹部各节背板两侧及足被长而硬的黑毛。翅闪蓝紫色光泽。翅基片黑色。

【习性】成虫访花。

【分布】浙江（钱江源国家公园）、江苏、江西、湖北、湖南、福建、广东、广西、海南、四川、云南。

194. 双色熊蜂
Bombus bicoloratus Smith, 1879

【形态特征】中小型。头、胸密布黑色绒毛。腹背黄橙色具黑色的环纹。足黑色，跗节褐色。

【习性】常见于低、中海拔山区，于阳光下以抱曲姿势吸食花蜜。

【分布】浙江（钱江源国家公园）、中国台湾。

195. 陆马蜂
Polistes rothneyi Cameron, 1900

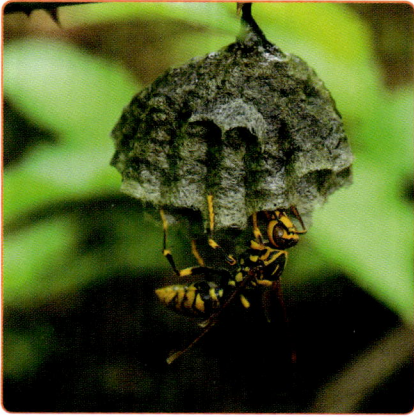

【形态特征】雌蜂头稍窄于胸部；两复眼顶部间有1条黑色横带，其下为橙黄色；颅顶部中间有2条并列橙色带；颊两侧及复眼后均为橙色；触角柄节背面黑色，腹面橙色；唇基宽大于高，橙黄色；上颚短、宽，橙黄色，端齿黑色。前胸背板周边呈黄色颈状突起，中部两侧各有1个黑色小三角斑，2个下角黑色，余均为橙黄色；中胸背板中央两侧各有1个橙黄色纵斑；并胸腹节端部截状，黑色，背中央及两侧各有1个橙黄色纵带状斑；中胸侧板黑色，其上部中央及下侧后方各有1个橙黄色斑。翅棕色，前翅前缘色略深。胸部腹板黑色。3对足基节、转节黑色；前股节端部橙黄色；中股节基部2/3黑色，端部橙黄色；后股节黑色，仅端部1/4橙黄色；各足具爪垫；腹部第1节背板端部黄褐色，每侧各有1个橙黄色斑；第2至第5节背板端部两侧有2条凹陷的橙黄色横带，第2至第5节腹板亦有类似于背板的橙黄色斑，横带自第2至第5节渐加宽，并与橙黄色斑相连；第6节背、腹板近似三角形，橙黄色。雄蜂近似雌蜂，中胸腹板、胸腹侧片前缘黄色；各足黄色区大；触角端部黑色。

【习性】据观察和报道，陆马蜂在保定地区1年3代，主要以第3代和部分第2代成蜂在野外抱团越冬，翌年3月末的暖日天气偶尔会见到有个别陆马蜂爬出越冬场所活动，但由于气温低，尚不能飞行且易于耗尽营养而死亡。约到4月中旬，大量越冬蜂开始散团活动，寻找食物并补充营养；4月底至5月初，开始找寻合适的场所建巢产卵。

【分布】浙江（钱江源国家公园）、黑龙江、吉林、辽宁、河北、山东、江苏、四川、湖北、安徽、江西、福建、广东；日本、韩国。

参考文献

白锦荣. 广西螽斯科区系研究[D]. 保定: 河北大学, 2014.

彩万志, 李虎. 中国昆虫图鉴[M]. 太原: 山西科学技术出版社, 2015.

冯玉增, 刘小平. 板栗病虫害诊治原色图谱[M]. 北京: 科学技术文献出版社, 2010.

高文韬, 孟庆繁, 刘思. 日本弓背蚁的生物学特性[J]. 中国森林病虫, 2005 (04): 26-28.

何时新. 中国常见蜻蜓图说[M]. 杭州: 浙江大学出版社, 2007.

胡佳耀. 中国四齿隐翅虫属分类研究(鞘翅目: 隐翅虫科: 毒隐翅虫亚科)[D]. 上海: 上海师范大学, 2006.

李娜. 东北地区螽蟖总科昆虫分类学研究(直翅目: 螽亚目)[D]. 黑龙江: 东北林业大学, 2008.

刘宪伟, 朱卫兵, 戴莉. 中国东南部地区的蝉蟖[M]. 郑州: 河南科学技术出版社, 2017.

王恩. 杭州园林植物病虫害图鉴[M]. 杭州: 浙江科学技术出版社. 2015.

王连珍, 夏兴宏, 郎庆龙. 栎长颈卷叶象的生物学特性[J]. 中国森林病虫, 2011, 30(05): 14-16+30.

王义平, 童彩亮. 浙江清凉峰昆虫[M]. 北京: 中国林业出版社, 2014.

吴宏道. 惠州蜻蜓[M]. 北京: 中国林业出版社, 2012.

武春生. 中国动物志节肢动物门昆虫纲鳞翅目凤蝶科凤蝶亚科裳凤蝶族曙凤蝶属[M]. 北京: 科学出版社, 2001.

武春生. 中国动物志昆虫纲第二十五卷鳞翅目凤蝶科尺蝶亚科锯凤蝶亚科绢蝶亚科[M]. 北京: 科学出版社, 2001.

杨举, 李东哲. 昆虫图鉴[M]. 长春: 吉林科学技术出版社, 2014.

杨星科, 等. 秦岭昆虫志[M]. 北京: 世界图书出版公司. 2018.

印象初, 夏凯龄, 郑哲民, 等. 中国动物志(直翅目: 剑角蝗科)[M]. 北京: 科学出版社, 2001: 1-294.

袁锋, 张雅林, 冯纪年, 等. 昆虫分类学[M]. 北京: 中国农业出版社, 2005.

张龙. 中国百种蝗虫原色图鉴[M]. 北京: 中国农业大学出版社, 2019.

张巍巍. 昆虫家谱[M]. 重庆: 重庆大学出版社, 2014.

中国科学院动物研究所生物多样性信息学研究组. 中国动物主题数据库[DB/OL]. (2022-11-08)[2023-03-20]. www.zoology. csdb.cn.

周文豹. 浙江异翅溪螅属一新种(蜻蜓目: 溪螅科)[J]. 昆虫分类学报, 1982(Z1): 65-66.

周尧. 中国蝶类志[M]. 郑州: 河南科学技术出版社. 1994.

朱笑愚, 吴超, 袁勤. 中国螳螂[M]. 北京: 西苑出版社, 2012.

中文名索引

学名索引